BASISWISSEN: Umgang mit Menschen im Maßregelvollzug

Psychiatrie Verlag

Andrea Trost, BA of Nursing, M.A. Beratung und Vertretung im Sozialen Recht, ist seit 2004 in der Psychiatrie sowie seit 2014 in der Forensik und der Gerontopsychiatrie tätig, Stabstelle Pflegewissenschaft, Abteilung für forensische Psychiatrie, LVR Klinik Köln.

Stefan Rogge, ist Fachgesundheits- und Krankenpfleger für Psychiatrie, Praxisanleiter für Pflegeberufe und als Stationsleiter tätig, seit 2010 im Fachbereich Forensische Psychiatrie (Stationsleitung und Pflegeentwicklung), Abteilung für forensische Psychiatrie, LVR Klinik Köln. beschäftigt.

Andrea Trost, Stefan Rogge

BASISWISSEN: Umgang mit Menschen im Maßregelvollzug

Psychiatrie Verlag

Die Reihe Basiswissen wird herausgegeben von:
Michaela Amering, Ilse Eichenbrenner,
Michael Eink, Klaus Obert und Wulf Rössler

Andrea Trost, Stefan Rogge
Basiswissen: Umgang mit Menschen im Maßregelvollzug
Basiswissen 31
1. Auflage 2016
ISBN-Print: 978-3-88414-633-0
ISBN-PDF: 978-3-88414-883-9

Bibliografische Informationen der Deutschen Nationalbibliothek
Die Deutsche Nationalbibliothek verzeichnet diese Publikation in der Deutschen Nationalbibliografie; detaillierte bibliografische Daten sind im Internet über http://dnb.ddb.de abrufbar.

Weitere Informationen zu psychischen Störungen und ihrer Behandlung im Internet unter: www.psychiatrie-verlag.de

Lektorat: Uwe Britten, textprojekte, Eisenach
Umschlaggestaltung und Umschlagfoto: Iga Bielejec, Nierstein, unter Verwendung einer Fotografie von Roman Mintert, Düsseldorf
Typografie und Satz: Iga Bielejec, Nierstein
Druck und Bindung: CPI books GmbH, Ulm

FSC www.fsc.org
MIX
Papier aus verantwortungsvollen Quellen
FSC® C083411

Einleitung

Der Maßregelvollzug mit seinen spezifischen Eigenschaften stellt einen hochkomplexen Arbeitsbereich dar: Die Untergebrachten weisen allesamt Biografien auf, die unter anderem von psychischer Erkrankung oder geistiger Behinderung sowie Rechtsbruch und sich aus der Erkrankung bzw. Behinderung ergebender Schuldunfähigkeit oder verminderter Schuldfähigkeit geprägt sind. Hieraus und aus den weiteren Besonderheiten der Biografien wie die Sozialisation der Einzelnen sowie den Rahmenbedingungen des Maßregelvollzugs (wie Gesetze, Infrastruktur, personelle und finanzielle Ausstattung) ergeben sich vielfältige und vielschichtige Aufgaben und Anforderungen an die Mitarbeitenden in den Einrichtungen.

Mitarbeitende des Maßregelvollzugs treffen in der täglichen Arbeit auf Untergebrachte, die neben einer schweren psychischen Erkrankung auch noch ein – vielfach schwerwiegendes – Delikt begangen haben. Das Leben dieser Personengruppe weist zumeist tragische Erlebnisse und Ereignisse auf. So finden sich in den Biografien eigene Missbrauchs- und Gewalterfahrungen, mitunter aus dem familiären Umfeld stammend.

Aus diesen biografischen Erlebnissen entwickelte sich dann vielfach der Wandel in die Täterrolle, vollzogen in innerpsychischen Prozessen, die für Außenstehende nur schwer bis gar nicht nachvollziehbar sind.

Vom zuständigen Gericht werden diese Betroffenen als schuldunfähig bzw. vermindert schuldfähig eingestuft, aber zugleich als Gefahr für die Gesellschaft angesehen, sodass sie in den Maßregelvollzug eingewiesen werden und ein »Sonderopfer« zum Schutz der Gesellschaft erbringen, indem ihnen sozusagen prophylaktisch die Freiheit entzogen wird.

Das System Maßregelvollzug ist zusätzlich zu den spezifischen Merkmalen der Untergebrachten eingebettet in ein umfassendes gesetzliches Regelwerk.

In den Medien werden die Untergebrachten nicht selten als »Bestien«, die »für immer weggesperrt« gehören, tituliert. Dies lässt sich als Ausdruck der Hilflosigkeit der Gesellschaft gegenüber der Andersartigkeit, der radikalen Normabweichung interpretieren.

Aus dieser Darstellung der Bedingungen und Gegebenheiten ergeben sich viele Aspekte, die die Arbeit im komplexen Spannungsfeld Maßregelvollzug einerseits interessant, andererseits auch herausfordernd und schwierig sowie, wenn bestimmte Faktoren nicht berücksichtigt werden, auch belastend erscheinen lassen.

Eine erste, mitunter entscheidende Aufgabe für im Maßregelvollzug Tätige ist es, sich der langen Unterbringungs- und Behandlungszeiten für die Untergebrachten bewusst zu sein, die üblicherweise um ein Vielfaches länger sind als beispielsweise in der Allgemeinpsychiatrie. Sie können auch länger sein als in einer Justizvollzugsanstalt bei gleichem Delikt, aber vorhandener Schuldfähigkeit. Dieser Umstand nimmt Einfluss auf die Rolle der dort arbeitenden Fachpersonen. Sie werden nicht selten zu den ersten langfristigen sozialen Kontakten und Vertrauenspersonen von Menschen, die im bisherigen Leben oft immer wieder von ihren Vertrauten enttäuscht, ausgenutzt oder auf unterschiedlichste Art und Weise missbraucht wurden. Der sich hieraus ergebenden Verantwortung muss sich jeder Einzelne bewusst sein, es wird dafür ein solides Handwerkszeug benötigt, um beispielsweise ein ausgewogenes, gesunderhaltendes und gleichzeitig empathisch-professionelles Nähe-Distanz-Verhältnis aufbauen und aufrechterhalten zu können.

Darüber hinaus kommen Mitarbeitende mit allen Facetten menschlicher Grausamkeiten in Berührung. Es sei zwar bereits an dieser

Stelle darauf hingewiesen, dass Unterbringungen auch aufgrund von eher leichteren Delikten, zum Beispiel Diebstahlsdelikten (Beschaffungskriminalität), vorkommen, jedoch gibt es natürlich auch all jene Unterbringungen, die aufgrund der Gefahr weiterer Tötungsdelikte oder Vergewaltigungen bzw. schweren Missbräuchen von Kindern zustande gekommen sind. Auch hieraus ergeben sich Herausforderungen, denen man sich als im Maßregelvollzug Tätiger stellen muss: Wie gehe ich mit den Geschichten und Beschreibungen der Delikte um? Wie kann man verhindern, dass sich zum Beispiel Bilder von schweren Übergriffen an Kindern psychisch verfestigen, wenn man selbst Mutter oder Vater ist? Wie kann man Personen, die andere Menschen auf grausame Art und Weise getötet oder gefoltert haben, empathisch, wohlwollend gegenübertreten und dabei die Hoffnung auf eine erfolgreiche Resozialisierung und ein damit verbundenes deliktfreies Leben nicht verlieren?

Dieses Basiswissen-Buch soll dazu beitragen, dass trotz oder gerade wegen dieser und weiterer Umstände, die in der zweifelsohne oftmals schwierigen Arbeit liegen, der Maßregelvollzug als ein interessanter und spannender Aufgabenbereich wahrgenommen wird und die Untergebrachten eine Hoffnung und sinnstiftende Behandlung, basierend auf einem positiven Menschenbild, erfahren.

Wir danken Herrn Dr. Gerwald Meesmann für seine Unterstützung bei der Verfassung des Kapitels zur Einbeziehung der Angehörigen.

Andrea Trost und Stefan Rogge

Juristische Grundlagen für Unterbringung und Behandlung im Maßregelvollzug

Kenntnis über die rechtlichen Grundlagen der Unterbringung und Behandlung ist wesentlich bei der professionellen Arbeit im Maßregelvollzug. Gesetze und deren Auslegung bilden ein Fundament und die Rahmenbedingungen für den praktischen Alltag, auch wenn sie in Teilen abstrakt und theoretisch sind. In der Praxis werden nahezu alle Maßnahmen, Entscheidungen und Vorgehensweisen in irgendeiner Weise durch die rechtlichen Rahmenbedingungen des Maßregelvollzugs beeinflusst, unabhängig davon, ob es sich beispielsweise um therapeutische Konzepte, Angebote des Pflegedienstes oder Sicherungsmaßnahmen handelt.

Außerhalb des beruflichen Umfelds werden im Maßregelvollzug Tätige häufig mit Vorurteilen und Unwahrheiten konfrontiert, sei es im privaten Umfeld, in der Presse oder in der Politik. Wissen über die juristischen Grundlagen bietet hier eine Basis für fundierte Argumentation und Auseinandersetzung.

Im Folgenden werden die wesentlichen juristischen Grundlagen für die Unterbringung und Behandlung im Maßregelvollzug dargestellt. Weiterführende und vertiefende Informationen können dem Buch von Cornelia SCHAUMBURG (2010) entnommen werden.

Was ist der Maßregelvollzug?

Wenn im Allgemeinen vom Maßregelvollzug die Rede ist, ist üblicherweise die Durchführung der freiheitsentziehenden Maßregeln nach §§ 63, 64 StGB (Strafgesetzbuch) gemeint. Dies beinhaltet die Unterbringung in einem psychiatrischen Krankenhaus (§ 63 StGB) oder in einer Entziehungsanstalt (§ 64 StGB). Die Unterbringung in der Sicherungsverwahrung, die ebenfalls eine freiheitsentziehende Maßnahme darstellt (siehe auch Abbildung 2), findet im Justizvollzug statt und unterliegt weitestgehend den Bestimmungen des Vollzugs einer Freiheitsstrafe. Der Vollzug der beiden Maßregeln nach §§ 63, 64 StGB unterliegt dem Maßregelvollzugsrecht.
Im Maßregelvollzug werden nach fest definierten Voraussetzungen psychisch kranke, schuldunfähige oder vermindert schuldfähige und/oder abhängigkeitserkrankte Rechtsbrecher untergebracht. Im Rahmen der Unterbringung muss ihnen Therapie angeboten werden.
Eine Maßregel der Besserung und Sicherung kann die Rechtsfolge einer Straftat sein, wie es eine Freiheitsstrafe oder Geldstrafe sein können. Als Voraussetzung für die Verhängung einer Maßregel durch das zuständige Gericht müssen seitens des Rechtsbrechers und der durch ihn begangenen Taten jedoch einige Kriterien erfüllt werden.
Im folgenden Kapitel werden diese Voraussetzungen und die beiden Maßregeln nach §§ 63, 64 StGB näher beschrieben und erläutert.

Grundprinzipien des Strafrechts

Das in der Bundesrepublik Deutschland geltende Strafrecht (das heißt, die Rechtsnormen, die die Verhaltensweisen/Taten sowie die Folgen/Sanktionen beschreiben, die in diesem Land verboten sind) dient dem Schutz von Rechtsgütern. Als Rechtsgüter werden durch den Gesetzgeber, also durch demokratisch gewählte Volksvertreter, materielle und ideelle Werte definiert, die für die Gesellschaft und den Einzelnen eine besondere Bedeutung haben. Das deutsche Strafrecht ist ein Schuldstrafrecht. Das heißt: Eine Strafe wird nicht ausschließlich an der Schwere der Tat bemessen, sondern auch anhand der Schuld des Rechtsbrechers.

Eine Strafe kann nur demjenigen auferlegt werden, der schuldhaft im Sinne des Strafrechts gehandelt hat. Hierzu muss zum einen ein bestimmtes Verhalten bzw. ein bestimmter Tatbestand im Rahmen des Strafrechts zum Tatzeitpunkt als rechtswidrig definiert sein. Zum anderen muss der Rechtsbrecher schuld*fähig* sein.

Es gilt der Grundsatz: Keine Strafe ohne Schuld und Strafe nur nach dem Umfang der Schuld.

Schuldfähigkeit

Die Schuldfähigkeit wird gekennzeichnet durch eine Einsichtsfähigkeit auf der intellektuell-kognitiven Ebene sowie durch die Steuerungsfähigkeit im Hinblick auf die freie, eigenverantwortliche Willensbildung und Entscheidung zur Ausübung der Tat. Schuldhaftes Handeln setzt voraus, dass der Täter zum Tatzeitpunkt in der Lage war, das Unrecht seines Handelns einzusehen und sein Handeln nach dieser Erkenntnis auszurichten. Werden diese Merkmale zum Tatzeitpunkt nicht oder nur teilweise erfüllt, ist der Rechtsbrecher schuldunfähig bzw. vermindert schuldfähig. Somit kann er nicht oder nur milde bestraft werden – zum nicht unproblematischen Begriff des freien Willens siehe PAUEN & ROTH 2008.

Das deutsche Strafrecht unterstellt zunächst generelle Schuldfähigkeit. Diese Annahme entfällt, wenn ein Schuldausschließungsgrund oder Schuldminderungsgrund vorliegt. Beispiele für Schuldausschließungsgründe sind die Schuldunfähigkeit von Kindern oder die Not-

wehr. Schuldminderung liegt unter anderem bei mangelnder Reife von Jugendlichen vor.
Auch eine psychische Erkrankung, eine schwere Persönlichkeitsstörung oder eine Intelligenzminderung können zur Schuldunfähigkeit oder verminderten Schuldfähigkeit führen.

ABBILDUNG 1 Herleitung und Konsequenzen von Schuldfähigkeit, verminderter Schuldfähigkeit, Schuldunfähigkeit

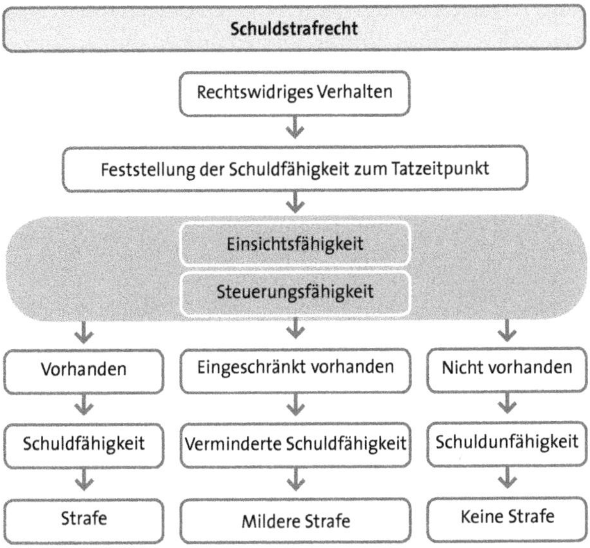

Für die Verhängung der freiheitsentziehenden Maßregeln nach §§ 63, 64 StGB, die üblicherweise eine Unterbringung im Maßregelvollzug zur Folge haben, ist die Schuldunfähigkeit wegen seelischer Störungen nach § 20 StGB maßgeblich.

Seelische Störungen

Die diesem Paragrafen zugrunde liegenden, noch aus der Zeit des ersten Drittels des vorigen Jahrhunderts stammenden juristischen Krankheitsdefinitionen sind aus ethischer Sicht sehr fragwürdig und stigmatisierend. In der gegenwärtigen Praxis beinhalten die der strafrechtlichen Definition der Schuldunfähigkeit gemäß § 20 StGB zugrunde liegenden Begriffe folgende Krankheitsbilder:

Krankhafte seelische Störung: exogene und endogene psychische Erkrankungen wie Psychosen; aber auch pathologische Rauschzustände bei Substanzmittelabhängigen.

Tief greifende Bewusstseinsstörung: Trübung oder teilweise Ausschaltung des Selbst- oder Außenbewusstseins, eine Schädigung der Fähigkeit des intellektuellen und emotionalen Erlebens sowie Affekthandlungen.

Schwachsinn: Intelligenzminderungen (ohne organische Ursache).

Schwere andere seelische Abartigkeit: Triebstörungen und Persönlichkeitsstörungen.

Grundsätzlich führt nicht jede psychische Erkrankung zur Schuldunfähigkeit. Zum Tatzeitpunkt muss das Eingangsmerkmal (die diagnostizierte Erkrankung) zur Aufhebung der Einsichts- und Steuerungsfähigkeit des Rechtsbrechers geführt haben. Um dies festzustellen, zieht das Gericht ein psychiatrisches und, wenn notwendig, ein psychologisches Gutachten heran. Es besteht die Möglichkeit, einen Tatverdächtigen für die Dauer von maximal sechs Wochen in einem psychiatrischen Krankenhaus unterzubringen, wenn dies für die Begutachtung im Rahmen der Feststellung der Schuldfähigkeit und/oder der verminderten Schuldfähigkeit notwendig ist; siehe § 81 der Strafprozessordnung (StPO).

Verminderte Schuldfähigkeit

Die verminderte Schuldfähigkeit ist in § 21 StGB definiert. Sie orientiert sich an den Charakteristika zur Schuldunfähigkeit und liegt vor, wenn eines der in § 20 StGB definierten Merkmale zum Tatzeitpunkt auf der Fähigkeitsstufe zur erheblichen Verminderung der Einsichts- und Handlungsfähigkeit des Rechtsbrechers führte. Der Täter ist im strafrechtlichen Sinne verantwortlich für die Tat, allerdings kann die Zubilligung der

verminderten Schuldfähigkeit zu einer milderen Strafe führen. Zusätzlich ist die Anordnung einer Maßregel nach §§ 63, 64 StGB möglich.
Auch im Hinblick auf die verminderte Schuldfähigkeit gilt, dass nicht jede psychische Erkrankung zur verminderten Schuldfähigkeit führt. Ihre Feststellung erfolgt analog zur Feststellung der Schuldunfähigkeit.

Gefährlichkeit

Wenn bei einem Rechtsbrecher die Gesamtwürdigung der begangenen Tat(en) und der im Rahmen des Gerichtsverfahrens erstellten gutachterlichen Prognosen ergibt, dass mit hoher Wahrscheinlichkeit weitere erhebliche Rechtsbrüche ähnlicher Art durch den Täter zu erwarten sind, kann das Strafgericht unabhängig von der Schuldfähigkeit eine Maßregel der Sicherung und Besserung anordnen. Eine solche Maßregel hat zwei Ziele:

- den Schutz der Allgemeinheit vor weiteren schweren bzw. erheblichen Taten und
- die Besserung des Rechtsbrechers.

ABBILDUNG 2: Maßregeln der Sicherung und Besserung

Nicht freiheitsentziehende Maßregeln	Freiheitsentziehende Maßregeln
§ 68 StGB: Führungsaufsicht	§ 63 StGB: Unterbringung in einem psychiatrischen Krankenhaus
§ 69 StGB: Entziehung der Fahrerlaubnis	§ 64 StGB: Unterbringung in einer Entziehungsanstalt
§ 70 StGB: Berufsverbot	§ 66 StGB: Sicherungsverwahrung

In der Praxis wird der Begriff »Maßregel« häufig mit den beiden Maßregeln nach §§ 63, 64 StGB sowie »Maßregelvollzug« mit der Durchführung dieser beiden freiheitsentziehenden Maßregeln, dem Vollzug, gleichgesetzt. Die Organisation und inhaltliche Ausgestaltung des Maßregelvollzugs obliegt den einzelnen Bundesländern. Auf Bundesebene ist im Wesentlichen lediglich das Ziel des Vollzugs gesetzlich definiert.

MERKE → **Der Staat hat nach dem Grundgesetz die Pflicht, seine Bürger zu schützen. Diese Schutzpflicht legitimiert den Freiheitsentzug bei Betroffenen, die für andere gefährlich sind, ohne dafür im strafrechtlichen Sinne verantwortlich zu sein. Damit stellen die freiheitsentziehenden Maßregeln ein Sonderopfer eines Einzelnen zum Schutz der Allgemeinheit dar.**

Maßregel nach § 63 StGB

Schuldunfähige und vermindert schuldfähige psychisch kranke Rechtsbrecher sollen dem Gesetz entsprechend nach § 63 StGB in einem psychiatrischen Krankenhaus untergebracht werden, wenn:

- prognostisch eine hohe Wahrscheinlichkeit der Begehung weiterer erheblicher Rechtsbrüche aus dem Bereich der Anlasstat besteht und
- für den Rechtsbrecher ein Zustand der Schuldunfähigkeit bzw. verminderten Schuldfähigkeit gilt.

In der Praxis findet eine Unterbringung meistens in speziellen Maßregelvollzugseinrichtungen, häufig Abteilungen psychiatrischer Krankenhäuser, oder in eigenständigen Einrichtungen statt. Gemischte Behandlungseinheiten in psychiatrischen Krankenhäusern mit anderen als Maßregelvollzugsklienten sind die Ausnahme.
Die Unterbringung nach § 63 StGB ist zeitlich unbefristet. Im Rahmen dieser Unterbringung müssen dem Untergebrachten Therapie und Behandlung angeboten werden. Auf Dauer und Beendigung der Unterbringung sowie auf Therapieangebote gehen wir weiter unten vertiefend ein. ↗ Therapieangebote, Seiten 22 f.
Ziel der Unterbringung ist es, die Gefährlichkeit des Untergebrachten so weit zu reduzieren, dass er keine Gefahr mehr für die Gesellschaft darstellt bzw. dass die vom Untergebrachten ausgehende Gefährdung

auf ein vertretbares Maß reduziert ist. Die zuständigen Gerichte müssen bei Entscheidungen zu Lockerungen und zur Fortsetzung der Maßregel abwägen, ob der Grad der Freiheitsentziehung im Zusammenhang mit der vom Untergebrachten ausgehenden Gefährlichkeit – noch – gerechtfertigt ist. »Gefährlichkeit« bezieht sich im Kontext der Maßregel nach § 63 StGB stets auf das sogenannte Anlassdelikt, also jenes Delikt, das der Untergebrachte im Zustand der Schuldunfähigkeit oder verminderten Schuldfähigkeit begangen hat und als dessen Folge die Maßregel verhängt wurde. Hierbei muss berücksichtigt werden, dass es eine absolute Sicherheit nie gibt und geben kann, es muss stets im Einzelfall abgewogen werden zwischen der (mutmaßlichen) Gefährlichkeit des Untergebrachten und dem Grad des Freiheitsentzugs: Steht das Ausmaß des Freiheitsentzugs im Verhältnis zur (potenziellen) Gefährlichkeit?

Maßregel nach § 64 StGB

Die freiheitsentziehende Maßregel nach § 64 StGB soll durch das zuständige Gericht bei Rechtsbrechern verhängt werden, die folgende Kriterien erfüllen: Es wurde eine rechtswidrige Tat im Zusammenhang mit einer Abhängigkeitserkrankung begangen, entweder im berauschten Zustand oder im direkten Zusammenhang mit der Erkrankung, zum Beispiel um sich die Suchtmittel zu beschaffen oder um die finanziellen Mittel zur Sicherstellung des Suchtmittelkonsums zu erlangen.
Außerdem muss gelten, dass der Täter entweder für diese Tat verurteilt oder als schuldunfähig bzw. vermindert schuldfähig gemäß §§ 20, 21 StGB eingestuft oder aber dass die Schuldunfähigkeit zumindest nicht auszuschließen ist. Das Gericht geht dann unter Berücksichtigung der gesamten Umstände davon aus, dass der Betroffene weitere rechtswidrige Taten aufgrund seiner Abhängigkeitserkrankung begehen wird oder dass hinreichende Anhaltspunkte dafür bestehen, dass die im Rahmen der Unterbringung angebotene Behandlung und Therapie Erfolg haben könnte, um die Abhängigkeitserkrankung zu heilen oder zumindest den Konsum für

eine erhebliche Zeit auszusetzen und dadurch weitere rechtswidrige Taten zu verhindern.
Wird eines dieser Kriterien *nicht* erfüllt, soll auch keine Maßregel verhängt werden.
Die angebotene Therapie im Rahmen einer Maßregel ist auf die Behandlung der Abhängigkeitserkrankung ausgerichtet.
In der Praxis wird die Unterbringung in einer Entziehungsanstalt häufig bei suchtkranken Rechtsbrechern mit verminderter Schuldfähigkeit verhängt. Abhängig vom begangenen Delikt werden regelmäßig parallel zur Maßregel Freiheitsstrafen verhängt, die vorab oder im Anschluss an die Maßregel vollstreckt werden. Über die Reihenfolge der Vollstreckung entscheidet das zuständige Gericht.
Problematisch ist im Zusammenhang mit den Maßregeln nach §§ 63, 64 StGB und den dazugehörigen Bestimmungen zur Vollstreckung und zum Vollzug die Koexistenz nicht aufeinander abgestimmter bundes- und landesrechtlicher Bestimmungen. Während die Vollstreckungsangelegenheiten einheitlich durch Bundesrecht geregelt sind, werden die Gegebenheiten des Vollzugs – Rechtsnormen, Organisation und Ausstattung der Einrichtungen – durch landesrechtliche Bestimmungen in den einzelnen Ländern geregelt. Hierdurch entsteht aufgrund der jeweils verschiedenen Verfahrensarten und Rechtswege, die jeweils durch dieselbe Strafvollstreckungskammer bearbeitet werden, für die Beteiligten ein nur schwer nachvollziehbares, geschweige denn freiheitsorientiert steuerbares Geflecht, in dem die Maßregel vollzogen wird.

Aufgaben des Maßregelvollzugs: Sichern und Bessern

Der Freiheitsentzug durch eine der Maßregeln nach § 63 oder § 64 StGB dient zunächst der Sicherung und dem Schutz der Allgemeinheit vor mit großer Wahrscheinlichkeit wiederholten erheblichen rechtswidrigen Taten des Betroffenen. Der Freiheitsentzug stellt für den Untergebrachten keine Strafe dar, sondern eine Rechtsfolge einer Straftat.

In der Praxis bedeutet »Sicherung« in diesem Zusammenhang, dass die Betroffenen in der Regel zunächst auf gesicherten (das heißt: geschlossenen) Stationen bzw. in anderen Behandlungseinheiten untergebracht werden, die sie lediglich begleitet verlassen können. Üblicherweise geschieht dies in einer ersten Stufe zunächst im Rahmen von Ausgängen in einem gesicherten Gelände oder Garten. Auf diesen Ausgang wie auch auf weitere Lockerungen besteht ein Rechtsanspruch, da die Maßregel nicht stärker in die Freiheitsrechte des Betroffenen eingreifen darf, als am Grad der Gefährlichkeit gemessen unbedingt erforderlich ist (es gilt der Grundsatz der Verhältnismäßigkeit).

Lockerungen

Als »Lockerungen« werden die schrittweisen, gezielten und kontrollierten, stufenweisen Verringerungen des Freiheitsentzugs bezeichnet, wenn die durch den Untergebrachten ausgehende Gefährdung nachweislich verringert bzw. prognostisch unwahrscheinlich ist. Das stufenweise Erlernen eigenständigen und eigenverantwortlichen Handelns ist im Rahmen der Unterbringung im Maßregelvollzug ein wesentlicher Bestandteil und fest im therapeutischen Angebot verankert. Durch die Lockerungen werden die Rehabilitation und Wiedereingliederung in die Gesellschaft maßgeblich mitgestaltet und vorbereitet. Lockerungen werden nicht automatisch gewährt, beispielsweise nach einer bestimmten Unterbringungsdauer, sondern sie werden individuell genehmigt, abhängig vom Therapieerfolg und der Gefährlichkeit des Untergebrachten.

Das Wort »kleinschrittig« ist im Rahmen von Lockerungen wörtlich zu nehmen. In der Regel erfolgt, abhängig von der jeweiligen Maßregelvollzugseinrichtung und den vorhandenen Strukturen, zunächst ein begleiteter 1:1-Ausgang (also: ein Untergebrachter mit einem Mitarbeitenden) im geschützten Gelände oder Garten der Therapieeinheit. In besonderen Fällen begleiten auch zwei Mitarbeitende einen Untergebrachten. Diese sehr geschützte und schützende Form der Lockerung wird nach und nach erweitert, beispielsweise in Form von Gruppenausgang mit Begleitung durch Mitarbeitende innerhalb des Geländes der Einrichtung oder mit dem 1:1-Ausgang außerhalb des Geländes, bevor Untergebrachte sich eigenständig außerhalb der Einrichtung bewegen dürfen. Wenn sich ein Untergebrachter außerhalb des Klinikgeländes bewegen darf, geschieht dies immer in enger Absprache mit dem Behandlerteam. Termine, Uhrzeiten, Aufenthaltsorte und Aktivitäten wie Einkaufen, Kino- oder Verwandtenbesuche werden zuvor besprochen, geplant und durch das zuständige Team genehmigt.

In den Entscheidungsprozess für oder gegen eine Lockerung sind in der Regel alle Berufsgruppen eingebunden. Gemeinsam werden die fachlichen Gründe ausgearbeitet und Stellungnahmen abgegeben. Optimalerweise wird der Betroffene in diesen Prozess eingebunden. Letztverantwortlich für eine Lockerung ist der leitende Arzt der jeweiligen Einrichtung.

Für einige Formen der Lockerung, sogenannte Schwellenlockerungen, muss die Klinikleitung die zuständige Vollstreckungskammer (Staatsanwaltschaft) um Genehmigung bitten, hier darf die Einrichtung nicht eigenständig entscheiden. Außerdem kann das Gericht bei der Verhängung der Maßregel festlegen, bei welchen Lockerungsentscheidungen es angefragt werden will. Das Gericht beruft sich bei seiner Entscheidung aber auch auf Stellungnahmen seitens der Einrichtung.

Mitarbeitende der Maßregelvollzugseinrichtung haben jederzeit die Möglichkeit, eine grundsätzlich genehmigte Lockerung oder einen Ausgang im konkreten Einzelfall nicht zu erlauben, wenn sie dies fachlich begründen können und entsprechend dokumentieren. Dies kann zum Beispiel der Fall sein, wenn der begründete Verdacht besteht, dass der Untergebrachte im Rahmen der Lockerung ein dem Anlassdelikt, das die Unterbringung begründet, nahes Verhalten zeigt oder neue Delikte plant. Auch eine Verschlechterung des psychischen Zustands kann ein Grund sein für die Nichtgewährung einer Lockerung.

Diese Entscheidungen werden in der Regel im Team erörtert und beschlossen. Es gilt der Grundsatz, dass die Sicherheit die höchste Priorität hat und der Untergebrachte im Zweifelsfall das Sonderopfer des Freiheitsentzugs hinnehmen muss (gegen das er jedoch jederzeit die Möglichkeit hat, Beschwerde einzulegen). In diesem Fall wird durch eine unabhängige Stelle überprüft, ob das Vorgehen der Mitarbeitenden legitim war und wie dem Untergebrachten gegebenenfalls Abhilfe verschafft werden kann. Wichtig ist im Zusammenhang mit dem Gewähren von Lockerungen, dass hierüber im jeweiligen Behandlungsteam offen gesprochen und diskutiert wird sowie dass eine Gesprächskultur vorherrscht, in der Befürchtungen und »vage Vermutungen« seitens aller Mitarbeitenden geäußert und entsprechend ernst genommen werden.

Üblicherweise werden alle Lockerungen zunächst in Begleitung durchgeführt und erprobt. In der Praxis stellen Begleitungen bei Ausgängen und Lockerungen einen wichtigen Baustein der professionellen Beziehungsgestaltung des Mitarbeitenden zum Untergebrachten dar. Es gilt, Vorbereitungen, Absprachen und Vereinbarungen zu treffen und die Aktivität außerhalb des gewohnten Rahmens der Station gemeinsam durchzuführen. Aspekte wie Vertrauen, Absprachefähigkeit und soziale Fähigkeiten des Betroffenen spielen ebenfalls eine wichtige Rolle bei diesen Begleitungen und verlangen neben einer tragfähigen Beziehung ein hohes Maß professioneller Kompetenzen aufseiten der Mitarbeitenden.

Therapieangebote

In Deutschland darf niemandem prophylaktisch die Freiheit entzogen werden, ohne dem Betroffenen eine Chance zu geben, an der Ursache für diesen Freiheitsentzug zu arbeiten. Aus diesem verfassungsrechtlichen Grundsatz (Sozialstaatsgebot, Resozialisierungsgebot) ergibt sich, dass der Freiheitsentzug mit einem Behandlungs- und Therapieangebot einhergehen muss. Hierauf basiert die zweite Säule des Maßregelvollzugs: die Besserung.
Über die Inanspruchnahme des Therapieangebots kann der Untergebrachte selbst entscheiden, da auch hier das Selbstbestimmungsrecht in Behandlungsangelegenheiten gilt. Es gibt keinen Behandlungszwang, außer in Situationen, in denen ein einwilligungsunfähiger Betroffener die Chance, die ihm eine Behandlung bieten kann, nicht zu erkennen und sich nicht für eine Behandlung zu entscheiden vermag. In solchen Fällen darf unter Einhaltung zahlreicher Vorgaben (materieller und verfahrensrechtlicher Art) eine zwangsweise medikamentöse Behandlung durchgeführt werden. Diese darf jedoch ausschließlich mit dem Ziel der (Wieder-)Erlangung der Selbstbestimmungsfähigkeit durchgeführt werden.
Außerdem besteht in Situationen, in denen Gefahr für Leib und Leben des Untergebrachten droht, zum Beispiel in medizinischen Notfall- oder psychiatrischen Krisensituationen, ein Recht zur Behandlung.
Im Rahmen der Maßregel nach § 63 StGB darf die Nicht-Inanspruchnahme des Behandlungsangebots nicht zum Nachteil des Untergebrachten ausgelegt werden. Das heißt zum Beispiel, dass ein Betroffener, der jegliches therapeutisches Angebot ablehnt, deshalb nicht nur nicht länger untergebracht oder die Unterbringung nicht gelockert werden darf. Vielmehr ist auf die Gefährlichkeit des Betroffenen zu schauen: Das Maß des Freiheitsentzugs muss mit dem Ausmaß des Risikos für weitere erhebliche Straftaten aus dem Bereich des

Anlassdelikts korrelieren. In der Praxis stehen die erfolgreiche Teilnahme an therapeutischen Angeboten (Psychoedukationsgruppen, die Verständnis für die Erkrankung vermitteln sollen, oder soziales Kompetenztraining zum Erlernen sozial erwünschter und notwendiger Handlungsfähigkeiten etc.), Behandlung (etwa medikamentös oder psychotherapeutisch) und die Reduktion der Gefährlichkeit, die in der Regel aus der psychischen Erkrankung oder Intelligenzminderung resultiert, in engem Zusammenhang. Daher gehen Therapieteilnahme und Gefährlichkeitsreduktion sowie die Lockerungen bzw. die Entlassung oftmals miteinander einher.

Wenn ein Betroffener nach § 64 StGB untergebracht ist, darf die Vollstreckung der Maßregel vom Therapieerfolg abhängig gemacht werden. Sind die Behandler oder der Betroffene selbst der Meinung, dass der Zweck der Maßregel nicht erreicht werden kann oder der Untergebrachte nicht die erforderliche Motivation zur Therapieteilnahme aufweist, kann von beiden Beteiligten beim zuständigen Gericht die Beendigung der Maßregel beantragt werden. Wenn bei verminderter Schuldfähigkeit parallel eine Haftstrafe verhängt wurde, wird diese nach Abbruch der Maßregel nach § 64 StGB fortgeführt, sofern sie nicht vorab bereits vollstreckt wurde.

MERKE → **In Deutschland darf niemandem prophylaktisch die Freiheit entzogen werden, weil er gefährlich für die Allgemeinheit sein könnte, ohne ihm eine Chance zu geben, an der Ursache für diesen Freiheitsentzug zu arbeiten. Aus diesem verfassungsrechtlich gewährten Grundsatz (Sozialstaatsgebot, Resozialisierungsgebot) ergibt sich, dass diese Art des Freiheitsentzugs, wie er auch im Maßregelvollzug stattfindet, mit einem Behandlungs- und Therapieangebot einhergehen muss.**

Dilemmata bei der Ausübung von Sicherung und Besserung

In der Praxis zeigen sich bei den beiden Hauptaufgaben des Maßregelvollzugs, der Sicherung und der Besserung, regelmäßig Di-

lemmata. Diese ergeben sich unter anderem aus den spezifischen individuellen Ansichtsweisen aller Beteiligten: Juristen, Behandler, Untergebrachte sowie deren Angehörige ebenso wie aus den politischen und gesellschaftlichen Ansprüchen und Erwartungen an den Maßregelvollzug. Hieraus ergeben sich diverse Spannungsfelder.
Aus juristischer Sicht stehen in der Regel die Sicherung bzw. die vom Untergebrachten ausgehende Gefahr für die Gesellschaft und die Verhältnismäßigkeit des Freiheitsentzugs (wie viel Freiheitsentzug ist im konkreten Fall zum gegenwärtigen Zeitpunkt gerechtfertigt?) im Fokus, zunächst losgelöst von der Teilnahme an Therapien und Behandlungsangeboten. Behandelnde hingegen betrachten oft den Aspekt der Teilnahme an Therapieangeboten und Besserung der Erkrankung als maßgeblich für den Umfang der Sicherung bzw. im Umkehrschluss für die Gewährung von Lockerungen.
Eine Therapieteilnahme, die sogenannte Krankheitseinsicht und der Gesundheitszustand auf der einen sowie die Gefährlichkeit auf der anderen Seite stehen zwar regelmäßig im Zusammenhang, dürfen aber nicht in Abhängigkeit voneinander beurteilt werden. Zudem dürfen Lockerungen oder Ausgänge keine Belohnung sein zum Beispiel für eine Therapieteilnahme oder für bloßes Wohlverhalten auf der Station.
Die Behandelnden in den Maßregelvollzugseinrichtungen haben in der Regel den Gesundheitszustand, das Gesundheitsmanagement, die sozialen und Alltagskompetenzen des Untergebrachten im Fokus, und zwar vor dem Hintergrund der Frage, inwieweit diese Faktoren die Gefährlichkeit beeinflussen. Die regelmäßige Überprüfung, ob einem Untergebrachten mehr Freiheit gewährleistet werden kann, bedarf einer gewissen Risikobereitschaft, Neues auszuprobieren, bei dem unter Umständen unvorhergesehene Ereignisse – schlimmstenfalls eine Flucht oder ernste Straftaten – eintreten können.
Aus gesellschaftlicher Sicht wird die Sicherheit als oberste Aufgabe des Maßregelvollzugs angesehen. Es gilt die Maßgabe: Lieber

wegsperren als ein Rückfallrisiko eingehen. Hierbei wird oft außer Acht gelassen, dass die Untergebrachten im Maßregelvollzug ein Sonderopfer zugunsten des Schutzes der Gesellschaft erbringen und eben nicht »zur Strafe« untergebracht sind, also nicht für ihre Strafen »büßen« müssen.

In diesem Zusammenhang muss auch das subjektive Sicherheitsempfinden vieler Menschen, die Skandalisierung in den Massenmedien und die oftmals in Stammtischparolen geäußerte Anspruchshaltung der Politik erwähnt und zurückgewiesen werden, denn: Absolute Sicherheit kann durch den Maßregelvollzug nicht geboten werden.

Wer in einer Maßregelvollzugseinrichtung tätig ist, wird immer wieder auf ganz unterschiedliche Arten mit diesen Dilemmata konfrontiert. Bei umfassenden Entscheidungen zum Ausmaß des Freiheitsentzugs, wie es zum Beispiel bei Schwellenlockerungen der Fall ist, ist das Dilemma offensichtlich. Aber auch bei scheinbar alltäglichen Entscheidungen wie der Vermittlung eines Telefonats oder des Besuchs von Angehörigen können die beschriebenen Schwierigkeiten auftreten, wenn individuell durch die Mitarbeitenden eingeschätzt werden muss, ob dies aus Sicherheits- und therapeutischen Gründen vertretbar ist. Gemeinsame Teambesprechungen und -entscheidungen sowie Supervisionen sind einige Instrumente, die bei der Bewältigung der Dilemmata, die unweigerlich bei der Ausübung der professionellen Arbeit im Maßregelvollzug auftreten, hilfreich sind und Rückhalt bieten. ↗ Schwellenlockerungen, Seiten 19 ff.

Medien

In den Medien werden in regelmäßigen Abständen reißerische Reportagen veröffentlicht, die über die Behandlung und vermeintlich vielfach zu leichtsinnigen Lockerungen berichten. Die Öffentlichkeit erhält Informationen aus dem Maßregelvollzug in den meisten Fällen nur dann, wenn es um Entweichungen und/oder erneute Straftaten der Untergebrachten geht. Auch der Neubau forensischer Einrichtungen oder der Ausbau bereits bestehender Kliniken wecken das gesellschaftliche Interesse. Bürgerinitiativen gegen Neubauten und lokale Medien bedingen sich beispielsweise oft gegenseitig und einseitig mit häufig übertriebener und vorurteilsbehafteter, populistischer, negativer Berichterstattung und Meinungsmache. Die Stigmatisierung der Betroffenen, die die stark ressentimentbesetzten Merkmale »psychisch krank« und »Rechtsbrecher« aufweisen, wird durch diese Art der Berichterstattung forciert.

Oft entsteht der Eindruck, es wird seitens der Öffentlichkeit nicht *mit*, sondern *über* den Maßregelvollzug diskutiert, er ist oft Auslöser und Zielscheibe öffentlicher Diskussionen.

Der Maßregelvollzug wird von der vorherrschenden rechts- und kriminalpolitischen Stimmung in der Gesellschaft geprägt, die ihrerseits wiederum aus den aktuellen gesellschaftlichen Normen und Werten gespeist wird.

Insbesondere die Maßregel nach § 63 StGB wird in der Gesellschaft vielfach als Möglichkeit angesehen, einen Rechtsbrecher für unbestimmte Zeit unterzubringen, versehen mit einer Widerrufsklausel und als Therapie definiert. Für die Gesellschaft ist dies neben dem Schutz der Öffentlichkeit ein entlastender Gesichtspunkt: Dem Betroffenen kann vermeintlich dauerhaft die Freiheit entzogen werden und trotzdem wurde über ihn nicht der Stab gebrochen, da er als schuldunfähig bzw. vermindert schuldfähig klassifiziert und ihm eine Therapie ermöglicht wurde sowie bei entsprechendem Therapieerfolg entlassen werden kann.

Diese gesellschaftliche Haltung bedeutet, dass die Entwicklungen in der forensischen Psychiatrie stark politisch beeinflusst werden. Der Begriff »zero tolerance«, der ursprünglich aus New York stammt und dort für von Dealern und Kleinkriminellen »gesäuberte« Straßen steht, trifft die momentane gesellschaftliche und politische Auffassung über den Umgang mit Maßregelvollzugsklienten. Diese

gesellschaftliche und politische Sicht auf (ehemalige) Maßregelvollzugsklienten beeinflusst die Lockerungs- und Entlassungspraxis. Das Zero-Tolerance-Konzept stellt den Aspekt einer vermeintlich »absoluten Sicherung« in den Vordergrund. Das Sonderopfer für die Allgemeinheit und die Reintegration der Betroffenen in die Gesellschaft geraten bei dieser Sichtweise unverhältnismäßig weit in den Hintergrund. Die an der Behandlung von Maßregelvollzugsklienten Beteiligten und Verantwortlichen müssen den Balanceakt zwischen dem Sicherheitsbedürfnis der Gesellschaft und dem Opferschutz einerseits sowie der Rehabilitation der Klienten andererseits ausführen.
Hier kann ein Vorfall als Beispiel genannt werden:

BEISPIEL → Ein Vergewaltigungs- und Tötungsdelikt eines Untergebrachten des Westfälischen Zentrums für Psychiatrie in Eickelborn an einem Mädchen bewirkte den sofortigen Lockerungsstopp für alle Betroffenen mit Tötungs- und Sexualdelikten. Kein Untergebrachter durfte in der Folge die Einrichtung unbegleitet und ungesichert (beispielsweise ohne Handschellen) verlassen, auch wenn es zuvor über lange Zeit zu keinen sicherheits- oder gefährlichkeitsrelevanten Zwischenfällen gekommen war. Dies wurde begleitet durch eine breit angelegte Medienberichterstattung sowie längerfristigen politischen Reaktionen.

Es sollen hier keine Tötungs- und Sexualstraftäter in Schutz genommen werden, aber ob diese Kollektivbestrafung aus ethischer und rechtlicher Sicht und vor dem Gedanken der Besserung als Verfassungsauftrag des Maßregelvollzugs vertretbar ist, ist fraglich.
Dieses Beispiel verdeutlicht, dass sicherheitsrelevante Entscheidungen im Maßregelvollzug häufig nicht individuell und nach gründlicher Überlegung einzelfallbezogen stattfinden, sondern regelmäßig mit Kollektivmaßnahmen reagiert wird, die dem öffentlichen Sicherheitsbedürfnis Rechnung tragen sollen. Ob diese Art der Maßnahmen tatsächlich mehr Sicherheit bringt, bleibt zweifelhaft.

Die wachsenden Sicherheitsvorkehrungen in den Einrichtungen sind kritisch zu betrachten. Einerseits tragen sie zur Sicherheit bei und vermitteln ein Sicherheitsgefühl. Andererseits ist zu hinterfragen, ob beispielsweise die immer höher gebauten Zäune und Mauern um die Einrichtungen in Form von baulich-materieller Sicherheit den Maßregelvollzug tatsächlich sicherer gestalten. Die Mauer kann an dieser Stelle metaphorisch betrachtet werden: Von außen lässt sich nicht hineinblicken, von innen nicht hinaus. Es bestehen zwei voneinander weitestgehend isolierte Orte, die ihre jeweils eigene Perspektive auf das Thema »Sicherheit« haben. Außenstehenden vermittelt die Mauer (als Synonym für baulich-materielle Sicherheit, Abgrenzung und Exklusion psychisch kranker Rechtsbrecher) Sicherheit.
Dies ist nur eine Seite der Medaille. Eine hohe Mauer bewirkt keine Gefährlichkeitsreduktion und ebenso nicht die hiermit eng verbundene Möglichkeit der Wiedereingliederung der Untergebrachten in die Gesellschaft. Auf der anderen Seite sind infrastrukturelle und milieugestalterische Aspekte, interpersonelle Eigenschaften und Kompetenzen der Mitarbeitenden bedeutsam sowie therapeutische Ansätze und Angebote, die eine Gefährlichkeitsreduktion bewirken können.
In der öffentlichen Wahrnehmung und Diskussion kommen diese wesentlichen, Sicherheit gebenden und der Besserung dienenden Aspekte viel zu kurz.

MERKE → **Sicherung im Maßregelvollzug findet sowohl durch bauliche und infrastrukturelle Maßnahmen statt als auch durch die professionelle Beziehungs- und Milieugestaltung sowie durch therapeutische Angebote der Mitarbeitenden gegenüber den Untergebrachten.**

Dauer und Beendigung einer Unterbringung

§ 63 StGB ➘

Die Unterbringung nach § 63 StGB ist zeitlich unbefristet. Um einen ungerechtfertigten Freiheitsentzug zu vermeiden, hat die zuständige Strafvollstreckungskammer nach § 67e Abs. 2 StGB jeweils vor Ablauf eines Jahres zu prüfen, ob die Unterbringung weiterhin erforderlich und gerechtfertigt ist, weil der Betroffene immer noch eine Gefahr für die Allgemeinheit darstellt.

Die weitere Vollstreckung des § 63 StGB ist zur Bewährung gemäß § 67d Abs. 2 Satz 1 StGB auszusetzen, wenn zu erwarten ist, dass der Betroffene außerhalb des Maßregelvollzugs keine erheblichen rechtswidrigen Taten mehr begehen wird. Dies stellt die bedingte Entlassung aus dem Maßregelvollzug dar (»auf Bewährung«).

Der bedingten Entlassung geht in der Praxis üblicherweise eine intensive, wenn erforderlich kleinschrittige und lang andauernde Vorbereitung voraus, die von den Mitarbeitenden aller Berufsgruppen begleitet wird. So wird die Unterbringung zunächst stufenweise gelockert (nach teils mehrjähriger Dauer), um die Person wieder möglichst nah an ein Leben außerhalb der Einrichtung heranzuführen.

Der Betroffene muss für sich für die Zeit nach der Unterbringung realistische Perspektiven in den Bereichen Wohnen, Arbeit/tägliche Beschäftigung, Freizeit und soziales Netzwerk/sozialer Empfangsraum entwickeln, mit allen dazugehörigen Facetten wie soziale Kompetenzen, nötiges vorausschauendes Planen und Haushalten.

Wichtige Bestandteile der Entlassplanung sind das Etablieren eines stabilen (Hilfe-)Netzwerks: Anbindung an eine forensische Ambulanz und an therapeutische Angebote, Betreuer, Familie, Arbeitsstelle. Insbesondere der individuelle Umgang mit der Erkrankung, aufgrund derer der Betroffene als schuldunfähig bzw. vermindert schuldfähig klassifiziert wurde, steht bei der Entlassplanung im Fokus: Wie geht er damit um, wenn er gesundheitliche Verschlechterung verspürt, die ja durchaus auftreten kann? Sind wirksame Hilfen eingeübt, installiert, verfügbar? Wie können die Menschen im Umfeld des Betroffenen (Familie, Freunde) unterstützend wirken und im Krisenfall gegebenenfalls handeln? Oft werden sogenannte Krisenpläne erstellt, die genau aufzeigen, was der Betroffene machen kann oder auch machen muss, wenn er das Gefühl bekommt, dass es ihm schlechter geht und er in Gefahr gerät, rückfällig zu werden.

Dies sind einige Beispiele für Aspekte, die im Regelfall vor einer (bedingten) Entlassung bearbeitet und geklärt werden. In den meisten Fällen ist eine umfassende und nachhaltige Entlassplanung für das zuständige Gericht auch Voraussetzung, einer Entlassung auf Bewährung zuzustimmen. Ausnahmen gibt es in seltenen Fällen, zum Beispiel wenn durch das Gericht die Unterbringung aufgrund fehlender Verhältnismäßigkeit (von Freiheitsentzug gegenüber der vom Betroffenen ausgehenden Gefährdung und der begangenen Anlassstraftaten) beendet wird, dann kann eine Entlassung kurzfristig stattfinden.

Eine wichtige Aufgabe der Mitarbeitenden ist es, bei allen Aspekten der Entlassplanung und -vorbereitung Motivation, Unterstützung, Hilfe und Begleitung anzubieten.

Vor einer bedingten Entlassung aus dem Maßregelvollzug werden im Rahmen der einzelnen Lockerungen alltägliche Situationen und Angelegenheiten geübt, sofern sich der Betroffene unsicher fühlt oder Hilfe benötigt. Durch die oftmals lang andauernde Unterbringung im Maßregelvollzug haben viele Betroffene Alltäglichkeiten aus dem Leben außerhalb der Einrichtung verlernt oder sind bisher noch nicht hiermit in Kontakt gekommen. Dies kann vom Umgang und von der Einteilung des zur Verfügung stehenden Geldes über das Benutzen öffentlicher Verkehrsmittel inklusive Fahrkartenerwerb bis zur Suche nach einer geeigneten eigenen Wohnung oder die Bewerbung um eine Arbeits- oder Praktikumsstelle reichen. Auch das Einüben völlig neuer Kompetenzen kann nach einer Unterbringung im Maßregelvollzug

notwendig sein, insbesondere wenn diese mehrere Jahre angedauert hat. Ein Beispiel für die Finanzplanung betrifft den Umgang mit Angeboten zum Ratenkauf, die allenthalben gemacht werden und den Erwerb von Konsumgütern erleichtern sollen, jedoch auch die Gefahr der Überschuldung bergen.
Die Beratung und Unterstützung bei der Anschaffung von Alltags- und Haushaltsgegenständen für eine neue Wohnung oder bei Behördengängen gehören ebenso zu einer strukturierten Entlassplanung. Notwendige finanzielle Mittel werden im Verlauf der Unterbringung oft von den Betroffenen selbst angespart, beispielsweise aus der Entlohnung aus arbeitstherapeutischen Maßnahmen.

Langzeiterprobung

Als letzter Lockerungsschritt vor der bedingten Entlassung findet vielfach eine längere Beurlaubung aus dem Maßregelvollzug statt, auch »Langzeiterprobung« oder »Langzeitbeurlaubung« genannt, die abhängig von den Regelungen in den einzelnen Bundesländern und der individuellen Situation des Betroffenen mehrere Monate bis Jahre dauern kann.
Während dieser Zeit ist die Person zwar noch Untergebrachte im Maßregelvollzug, nimmt dort an Unterstützungs- und Hilfeangeboten teil, erprobt aber das Leben und den Alltag außerhalb der Einrichtung, beispielsweise in ihrer eigenen neuen Wohnung oder in einer Wohneinrichtung. Schafft der Betroffene es eigenständig oder mit Unterstützung der etablierten Hilfen, sein Leben außerhalb der Einrichtung zu bewältigen? Wie geht er mit Stresssituationen um? Wie reagiert er, wenn er eine Verschlechterung seines Gesundheitszustandes verspürt?
Diesen und ähnlichen Herausforderungen kann sich der Betroffene in der Zeit der längeren Beurlaubung stellen. Sollten Aspekte auftreten, die eine Gefährdung für die Allgemeinheit oder weitere erhebliche rechtswidrige Taten vermuten lassen, kann die Beurlaubung beendet werden und der Betroffene muss wieder zurück in die Einrichtung.

Dieser längeren Beurlaubung gehen üblicherweise kürzere Beurlaubungen oder sogenannte Belastungserprobungen voraus, bei denen die Person beispielsweise einen Tag, eine Nacht oder ein Wochenende in der geplanten neuen Umgebung verbringt.
Dies bietet die Möglichkeit, schrittweise die Übernahme von Eigenverantwortung wieder zu erlernen oder überhaupt erst zu erlangen.

Führungsaufsicht

Mit der Aussetzung der Maßregel zur Bewährung tritt die *Führungsaufsicht* ein. Die Führungsaufsicht stellt ebenfalls eine Maßregel der Besserung und Sicherung dar, die dem Betroffenen nach Verbüßung einer Strafe oder einer freiheitsentziehenden Maßregel auferlegt werden kann. Somit stellt die Führungsaufsicht ebenfalls ein Sonderopfer des Einzelnen zugunsten der Allgemeinheit dar. Sie dient einerseits dazu, dass der Betroffene während dieser Zeit weiterhin professionelle Betreuung und Unterstützung erfährt sowie klare Regeln auferlegt bekommt, die einen Rückfall zum Rechtsbruch aus dem Bereich des Anlassdelikts vermeiden sollen, und er sich schrittweise wieder an das Leben in der Gesellschaft gewöhnen kann. Andererseits soll durch das Instrument der Führungsaufsicht der Gesellschaft weiterhin ein gewisses Maß an Schutz gewährt werden.
Die Führungsaufsicht bleibt während der Zeit der bedingten Entlassung aus der Maßregel nach § 63 StGB bestehen, in der Regel für fünf Jahre. Das zuständige Gericht kann dem Betroffenen im Rahmen der Führungsaufsicht *Weisungen* auferlegen. Diese sind nicht fest vorgegeben oder definiert, sondern werden individuell festgelegt. Dennoch haben sie sich am Katalog des § 68b StGB zu orientieren und müssen ein bestimmtes gefordertes Verhalten exakt beschreiben und festlegen. Dies kann die Weisung sein, sich einer ambulanten Therapie oder Anbindung an eine forensische Nachsorgeambulanz zu unterziehen, regelmäßig die Suchtmittelabstinenz nachzuweisen oder bestimmte Orte, die beispielsweise einen Zusammenhang zum Anlassdelikt aufweisen, zu meiden.

Die Dauer der Führungsaufsicht beträgt üblicherweise zwischen zwei und fünf Jahren. Das Gericht kann die Höchstdauer jedoch verkürzen oder eine unbefristete Höchstdauer gemäß § 68c Abs. 2 Satz 1 StGB anordnen.
Die bedingte Entlassung kann bei Verstoß gegen die gerichtlichen Weisungen widerrufen werden, dann wird der Betroffene erneut im Maßregelvollzug untergebracht.
Eine Beendigung der Maßregel nach § 63 StGB tritt mit dem Ende der Führungsaufsicht ein.

§ 64 StGB

Die Maßregel nach § 64 StGB ist gemäß § 67d Abs. 1 StGB zeitlich begrenzt auf zwei Jahre. Sofern neben der Maßregel eine Freiheitsstrafe verhängt worden ist und die Maßregel zuerst vollzogen wird, verlängert sich diese Frist auf bis zu vier Jahre. Nach Bernd Volckart und Rolf Grünebaum (2015) ist diese Bestimmung allerdings nicht eindeutig. Sie ermöglicht verschiedene Berechnungsmöglichkeiten, die zu unterschiedlichen Ergebnissen führen. Als richtig wird jene Berechnung angesehen, die vermeidet, dass eine Maßregel nach § 64 StGB doppelt so lange vollstreckt wird wie die in § 67d Abs. 1 Satz 1 StGB vorgegebenen zwei Jahre.
Die Zeit des Maßregelvollzugs wird bei Vorwegvollzug der Maßregel gemäß § 67 Abs. 4 StGB auf die Strafe angerechnet, bis zwei Drittel der Strafe verbüßt sind. Die Höchstfrist für die Maßregel wird verlängert, wenn die Freiheitsstrafe so hoch ist, dass durch die zweijährige Maßregel zwei Drittel der Strafe noch nicht verbüßt sind (= zeitige Freiheitsstrafe höher als drei Jahre). Durch die Anrechnung der Unterbringungszeit im Maßregelvollzug besteht so die Möglichkeit, nach der Beendigung der Maßregel auch die weitere Vollstreckung der Strafe auszusetzen. Durch diese Regelung soll vermieden werden, dass der Betroffene nach einer erfolgreichen Therapie im Maßregelvollzug noch einmal in den Strafvollzug muss. Allerdings ergeben sich bei langen Freiheitsstrafen oft auch lange Fristen, bevor gelockert werden kann oder Chancen auf eine Entlassung bestehen.

Diese Umstände sind häufig kontraproduktiv für den Therapieerfolg, da Lockerungen zum therapeutischen Konzept gehören.
Da bei einer Unterbringung in einer Entziehungsanstalt gemäß § 64 Satz 2 StGB die hinreichend konkrete Aussicht bestehen muss, dass der Klient durch die Therapie einerseits von seiner Abhängigkeitserkrankung geheilt oder zumindest für einen längeren Zeitraum vor einem Rückfall seiner Erkrankung bewahrt wird sowie andererseits von der Begehung weiterer erheblicher rechtswidriger Taten, die auf seine Erkrankung zurückzuführen sind, abgehalten wird, kann das zuständige Gericht diese Unterbringung für erledigt erklären, wenn diese Voraussetzungen nicht mehr gegeben sind.
Eine Überprüfung der Voraussetzungen für die Unterbringung nach § 64 StGB findet gemäß § 67e StGB spätestens halbjährlich durch das zuständige Strafvollstreckungsgericht statt. Hierdurch soll vermieden werden, dass die Maßregel länger als notwendig vollzogen wird.
Wenn eine nach § 64 StGB untergebrachte Person bedingt entlassen wird, tritt Führungsaufsicht ein. Eine bedingte Entlassung aus der Unterbringung in einer Entziehungsanstalt ist nur möglich, wenn die Höchstfrist noch nicht abgelaufen ist.
Im Bereich der Unterbringung nach § 64 StGB findet in der Regel ebenfalls eine umfassende Entlassplanung und -vorbereitung statt, die im Vergleich zu der bei nach § 63 StGB Untergebrachten jedoch normalerweise zeitlich schneller abläuft und bereits zeitnah nach Beginn der Unterbringung beginnt. Sie unterscheidet sich jedoch nur marginal von der Entlassplanung und -vorbereitung im Rahmen der Unterbringung nach § 63 StGB.
Ein Fokus liegt im Bereich der Unterbringung nach § 64 StGB auf der Rückfallprophylaxe vor dem Suchtmittelkonsum. Hierzu gehört neben therapeutischen Interventionen, insbesondere verhaltenstherapeutischen, auch die Gestaltung des sozialen Empfangsraums. In der Praxis hatten die Personen, die nach § 64 StGB untergebracht

sind, vor ihrer Zeit im Maßregelvollzug ihr soziales Netzwerk im Drogenmilieu oder sie hatten zumindest Kontakte zu anderen Suchtmittelkonsumenten. Diese Kontakte könnten nach einer Entlassung wenig förderlich im Sinne der Rückfallprophylaxe sein und dem Ziel der Unterbringung – Abstinenz zumindest über einen erheblichen Zeitraum bzw. keine Begehung erheblicher rechtswidriger Taten mehr – konträr gegenüberstehen. Zudem stellten der Konsum und die Beschaffung des Suchtmittels häufig die wesentliche Beschäftigung dar, sowohl für den Betroffenen als auch für sein soziales Umfeld. Daher stellt gegebenenfalls die Etablierung alternativer Beschäftigungsmöglichkeiten und neuer sozialer Kontakte den Kern der Entlassvorbereitung dar, neben den bereits geschilderten Aspekten zu der bei der Unterbringung nach § 63 StGB.

Reform des § 63 StGB

Eine Reform der freiheitsentziehenden psychiatrischen Maßregel nach § 63 StGB wird bereits seit einiger Zeit von verschiedenen (Fach-)Gremien gefordert und vielfach, häufig kontrovers, diskutiert. Politiker, Juristen, Behandelnde in den Maßregelvollzugseinrichtungen, die Öffentlichkeit und nicht zuletzt die betroffenen Personen selbst fordern die Neugestaltung und Weiterentwicklung der seit rund achtzig Jahren nahezu unverändert normierten Maßregel der Besserung und Sicherung.

Aktuelle Entwicklungen, Erkenntnisse und Forschungsergebnisse der beteiligten Fachdisziplinen finden momentan keine ausreichende Berücksichtigung bei der Vollstreckung und im Vollzug der Maßregel nach § 63 StGB.

Die geltenden Vorschriften zu § 63 StGB sehen eine vollständig institutionalisierte und zeitlich unbefristete Maßregel vor, bei der die Dauer und der Grad der Freiheitseinschränkung von der Einschätzung der individuellen Gefährlichkeit des jeweils Betroffenen durch das zuständige Gericht abhängt. Unter den Bedingungen der gegebenen forensisch-psychiatrischen Versorgungsstrukturen setzt in der Regel erst mit der Aussetzung der Maßregel nach § 67d Abs. 2 StGB (»Bewährung«) die Chance für die Betroffenen ein, in einer freieren, gelockerten Form zu leben. Trotz aller Vorbereitungen der Personen auf diese Veränderung und der Möglichkeiten der Hilfe, Betreuung und Überwachung, die das Instrument der Führungsaufsicht bietet, stellt dieser Wechsel aus dem stationären in ein ambulantes Setting einen großen Schritt über eine signifikante Hürde dar. In der Regel ist diesem Schritt eine mehrjährige Unterbringung in einer Maßregelvollzugsklinik vorausgegangen.

Nur in jenen Fällen, in denen das Gericht zu der Einschätzung kommt, dass der Zweck der Maßregel bereits durch das Instrument der Führungsaufsicht erreicht werden kann und der Vollzug der Maßregel zugleich mit der Anordnung nach § 67b Abs. 2 StGB ausgesetzt wird (»Bewährung zeitgleich mit der Anordnung«), besteht für Untergebrachte die Chance einer mittels ambulanter Maßnahmen im Rahmen der Führungsaufsicht gestalteten Maßregel. Wenn ein Betroffener die Kriterien des § 67g Abs. 1–3 StGB erfüllt, beispielsweise weitere rechtswidrige Taten begeht, dauernd gegen Weisungsauflagen verstößt oder die Zusammenarbeit mit der Bewährungshilfe beharrlich ablehnt, kann der Widerruf der Aussetzung durch das Gericht angeordnet werden. Der Widerruf bedeutet in der Regel den stationären Vollzug der Maßregel in der vorangegangen beschriebenen institutionalisierten Form.

Diese momentan geltenden Regelungen und daraus resultierenden Möglichkeiten der Maßregelvollzugseinrichtungen entbehren vieler aktueller fachlicher Erkenntnisse. Dies ist insbesondere vor dem Hintergrund der Tatsache zu sehen, dass die Besserung als ein Zweck der Maßregel definiert ist, der ohne entsprechende Öffnungen und Lockerungen des bisher dominierenden stationären Bezugsrahmens nicht realisiert werden kann. Der in vielen Bereichen des Gesundheits- und Sozialwesens, insbesondere in der allgemeinen

Psychiatrie, normierte und praktizierte Grundsatz »Ambulant vor stationär« sollte auch hier unter der Maßgabe der Gewährleistung des Schutzes der Bevölkerung und einer zielführenden Behandlung für die Betroffenen Geltung erlangen.

Auch und insbesondere den steigenden Unterbringungsdauern in den Maßregelvollzugseinrichtungen und den damit verbundenen Folgen – sowohl für die Betroffenen als auch für die Behandelnden und für die Steuerzahler als Finanzierende des Maßregelvollzugs – gilt es, durch eine zeitgemäße Neugestaltung dieser Maßregel nach § 63 StGB und den damit verbundenen Rechtsvorschriften als Grundlage für die Vollstreckung und den Vollzug entgegenzuwirken. Hierbei müssen gleichwohl die umfassende Sicherheit der Allgemeinheit und ein freiheitsorientiertes Therapieangebot für die Betroffenen gewährleistet bleiben.

Neben fachlichen Argumenten spielen auch die Kosten für den Maßregelvollzug, die aufgrund der gestiegenen Unterbringungsdauern ebenfalls steigen, eine Rolle in den Reformüberlegungen: Aktuelle Zahlen zu den Unterbringungsanordnungen und zum Bestand der nach § 63 StGB in einem psychiatrischen Krankenhaus untergebrachten Personen zeigen im Zeitraum von 1990 bis 2011 eine Steigerung der Neuanordnungen von 204 Prozent auf sowie einen Anstieg des Bestands von 265 Prozent im selben Zeitraum.

Zu den tatsächlichen Zeitdauern der Aufenthalte der nach § 63 StGB untergebrachten Personen, gemessen vom Eintritt der Rechtskraft der Anordnung der Maßregel bis zum Eintritt der Rechtskraft der Beendigung der Maßregel, liegen nur wenige Zahlen mit geringer bundesweiter Vergleichbarkeit vor. Ein Trend ist jedoch auch ohne valide Datenlage erkennbar: Die durchschnittliche Verweildauer im Rahmen der Unterbringung nach § 63 StGB ist in den vergangenen Jahren deutlich angestiegen. Exemplarisch belegen dies Daten aus einigen Einrichtungen und Bundesländern:

- Ein Datenabgleich aus zwölf Bundesländern, durchgeführt von der Kriminologischen Zentralstelle in Wiesbaden, ergab, dass die Durchschnittsverweildauer von 5,4 Jahren (2002) auf 7,1 Jahre (2006) gestiegen ist (Dessecker 2008).
- Eine größere Stichprobe aus sechs forensisch-psychiatrischen Kliniken wies eine durchschnittliche Behandlungsdauer von 5,8 Jahren auf, wobei es gruppenspezifische Schwankungen zwischen Kurz- und Langzeituntergebrachten zwischen 2,9 Jahren und 16,3 Jahren gab (Ross u.a. 2013).
- In Nordrhein-Westfalen ist der Anteil der im psychiatrischen Maßregelvollzug untergebrachten Personen mit einer Unterbringungsdauer von zehn Jahren und länger in dem 3-Jahres-Zeitraum (2006–2009) von 21,6 auf 25,4 Prozent gestiegen.

Zur Prävalenz von Aussetzungsentscheidungen nach § 67b StGB existieren bislang nur unzureichende empirische Erkenntnisse.
Der Maßregelvollzug ist – nicht zuletzt aufgrund der genannten Steigerungen der Behandlungsdauer und der Zuwächse der Anzahl der nach § 63 StGB untergebrachten Personen – mit (steigenden) Kosten verbunden, die über Steuermittel gedeckt werden. Die Kosten des Maßregelvollzugs sollen nicht an zentraler Stelle stehen, dennoch spielen sie bei der Gesamtbetrachtung der momentanen Situation und Ausgestaltung des Maßregelvollzugs eine zunehmende Rolle. Zusammenfassend lässt sich die momentane fiskalische Kostensituation des Maßregelvollzugs wie folgt darstellen:

- Die Tagessätze, die die forensisch-psychiatrischen Kliniken für stationär untergebrachte Personen erhalten, betragen durchschnittlich, bundeslandabhängig, ca. 230–240 Euro. Dies bedeutet pro Jahr etwa 85.770 Euro pro untergebrachter Person. Das ergibt bei Ansatz der durchschnittlichen stationären Verweildauer von sieben Jahren pro Betroffenem etwa 600.000 Euro als Gesamt-Fallkostenbetrag.

- Für ambulant betreute Maßregelvollzugsklienten belaufen sich die Kosten auf etwa 20 Euro pro Tag (Durchschnitt, genaue Zahlen sind bundeslandabhängig), pro Jahr fallen damit nur etwa 7.300 Euro pro betreuter Person an.
- Die Kosten für die aufgrund der steigenden Neuanordnungen der Maßregel nach § 63 StGB neu zu errichtenden forensisch-psychiatrischen Kliniken müssen ebenfalls mitberücksichtigt werden. Zum Beispiel werden diese Kosten zurzeit für die in NRW geplanten 750 Behandlungsplätze in neu zu errichtenden Kliniken mit etwa 300.000 Euro pro stationärem Behandlungsplatz veranschlagt.

Im November 2015 hat das deutsche Bundesjustizministerium einen Gesetzesentwurf zur Reform des § 63 StGB vorgelegt. Dieser wurde vielfach kontrovers diskutiert und stark kritisiert, unter anderem von verschiedenen Fachgesellschaften (Pollähne & Lange-Joest 2015).

Der Reformentwurf sieht vor, dass die Verhängung der Maßregel auf gravierende Fälle beschränkt werden soll. Die entsprechenden Delikte sollen nur die mit erheblichen psychischen oder körperlichen Personenschäden oder schwerem wirtschaftlichen Schaden umfassen. Eine Verhängung der Maßregel bei sogenannten Bagatelldelikten soll nur noch möglich sein, wenn weitere erhebliche Straftaten durch den Betroffenen drohen.

Zudem soll die Unterbringungsdauer durch eine dreistufige Regelung begrenzt werden:

1. **Stufe**: Nach sechs Jahren soll eine Verlängerung der Unterbringung nur noch dann zulässig sein, wenn vom Betroffenen aufgrund seines Zustandes außerhalb der Maßregelvollzugseinrichtung weitere erhebliche rechtswidrige Taten zu erwarten sind, durch die das Opfer körperlich oder seelisch erheblich geschädigt wird oder der Gefahr eines solchen Schadens ausgesetzt wird. Der Zusammenhang von Zustand, also der psychischen Erkrankung oder geistigen Beein-

trächtigung, plus weiterer erheblicher rechtswidriger Taten sowie des Eintretens außerhalb des Maßregelvollzugs muss gegeben sein. Ist dies nicht der Fall, ist die Maßregel zu Ende zu bringen (»zu erledigen«) und – im Regelfall – die Führungsaufsicht zu etablieren.

2. Stufe: Analog zur Regelung zur Sicherungsverwahrung soll das zuständige Gericht die Maßregel nach zehn Jahren für erledigt erklären, wenn davon auszugehen ist, dass vom Betroffenen keine weiteren erheblichen rechtswidrigen Taten zu erwarten sind, durch welche die Opfer seelisch oder körperlich schwer geschädigt werden.

Nach der Erledigung der Maßregel tritt die Führungsaufsicht ein.

3. Stufe: Wenn die Voraussetzungen erfüllt werden, die Unterbringung länger als zehn Jahre andauern zu lassen, bleiben die bisherigen Regelungen beibehalten: Die Unterbringung ist im Grunde unbefristet. Vom Untergebrachten muss die Gefahr ausgehen, dass er weitere erhebliche Taten begeht, durch welche die Opfer seelisch oder körperlich schwer geschädigt werden. Es muss weiterhin jährlich überprüft werden, ob die Voraussetzungen für die Unterbringung nach wie vor erfüllt werden.

Ein weiteres zentrales Element der Reformüberlegungen ist die strengere Überprüfung der Notwendigkeit der Fortsetzung der Vollstreckung der Maßregel. Hierzu soll unter anderem die Einholung von gutachterlichen Stellungnahmen bei der Einrichtung, in der der Betroffene untergebracht ist, durch das zuständige Gericht verpflichtend werden, und zwar im Rahmen der jährlichen Überprüfung zur Notwendigkeit der Fortsetzung der Unterbringung. Bislang ist die Einholung einer solchen Stellungnahme eine Soll-Regelung, keine Pflicht.

Zudem ist geplant, in der Strafprozessordnung zu normieren, dass bereits nach drei Jahren (statt bisher fünf) ein externes Gutachten eingeholt werden soll, nach sechs Jahren der Unterbringung soll dies alle zwei Jahre erfolgen. Gutachten dürfen ausschließlich durch qualifizierte Sachverständige erstellt werden.

Durch diese Neuregelung will der Gesetzgeber dem Grundsatz der Verhältnismäßigkeit verstärkt Rechnung tragen, insbesondere vor dem Hintergrund, dass die Anlasstat für die Unterbringung auch aus dem Bereich der Bagatelldelikte stammen kann. Auch sollen Therapieerfolge durch diese Neuregelungen besser berücksichtigt werden können, vor allem unter Berücksichtigung der Tatsache, dass etwa 75 Prozent der Betroffenen vor ihrer Unterbringung bereits in allgemeinpsychiatrischer Behandlung waren.

Ob sich die Gesetzesänderung nachhaltig auf die Praxis des Maßregelvollzugs auswirken wird, ob sie insbesondere dem Erfordernis nach einer Reform tatsächlich Genüge tut, bleibt abzuwarten. Aus fachlicher Sicht kann bereits vor der Verabschiedung kritisch angemerkt werden, dass die bisherigen Reformüberlegungen der Regierung nicht die notwendige grundlegende Reform des § 63 StGB und der mit ihm verbundenen prozessualen Regelungen, fundiert auf aktuellen Erkenntnissen und Erfordernissen, bedeuten.

Unabhängig von der zukünftigen Reform verwirklicht eine Regelung im Strafgesetzbuch im Kontext der aktuellen Situation und der daraus resultierenden Überlegungen der einzelnen Fachdisziplinen im Grundsatz bereits jetzt Aspekte eines Reformgedankens: die befristete Wiederinvollzugsetzung einer Maßregel nach § 67h StGB.

Bei konsequenter Umsetzung könnten schon jetzt einige Veränderungsideen auf diesem Wege umgesetzt werden, insbesondere vor dem Hintergrund aktueller wissenschaftlicher Erkenntnisse und der geschilderten Anforderungen an eine Veränderung im Maßregelvollzug.

Die Norm des § 67h StGB zur befristeten Wiederinvollzugsetzung einer Maßregel wurde im Zusammenhang mit der Reform der Führungsaufsicht geschaffen und trat im Jahr 2007 in Kraft. Diese Reform fand als Reaktion auf die Bedürfnisse der Praxis statt, die Führungsaufsicht deutlicher als ein Instrument der kontrollierenden

Begleitung und Unterstützung zu etablieren, insbesondere für solche Betroffene, deren Resozialisierung gefährdet erscheint.

Durch die befristete Wiederinvollzugsetzung und die zugehörigen Regelungen in der Strafprozessordnung soll während der Zeit der Aussetzung der Unterbringung (Bewährungszeit) der Widerruf der Aussetzung nach § 67g StGB vermieden und dennoch eine Möglichkeit geschaffen werden, bei (drohenden) psychischen Krisen und den damit verbundenen Risiken der Wiederholung rechtswidrigen Verhaltens unverzüglich zu intervenieren. Nach ständiger Rechtsprechung ist eine Entscheidung nach § 67h StGB als milderes Mittel vorrangig vor einer Widerrufsentscheidung zu treffen, sofern die Voraussetzungen hierfür vorliegen.

Die Dauer der befristeten Wiederinvollzugsetzung beträgt drei Monate und kann gegebenenfalls auf sechs Monate verlängert werden. Der Zweck des § 67h StGB, flexibel und zügig auf Krisen des Betroffenen reagieren zu können, lässt eine mehrfache Intervention bis zur Höchstdauer von jeweils sechs Monaten zu. Während der Unterbringung nach § 67h StGB soll die psychische Krise gezielt behandelt und kompensiert werden, um einen aus der Erkrankung resultierenden möglichen Rückfall zu kriminellem Verhalten zu vermeiden (Joecks & Miebach 2012).

Therapeutisches Milieu und Settings im Maßregelvollzug

Die Gestaltung des Settings und therapeutischen Milieus ist elementare Aufgaben der professionellen Arbeit im Maßregelvollzug. Anders als zum Beispiel im allgemeinpsychiatrischen Krankenhaus muss bei der Gestaltung von Setting und Milieu im Maßregelvollzug der Umstand berücksichtigt werden, dass hier die Unterbringung langfristig erfolgt und eine Gestaltung möglichst an der Außenwelt orientiert sein sollte. Beispielhaft ist die Trennung der Lebensbereiche Arbeit, Wohnen und Freizeit sowie deren im Maßregelvollzugskontext individuelle Gestaltung.

Setting

Als Setting wird im Allgemeinen das Milieu, die Umgebung, die Unterbringungssituation bezeichnet. Im Maßregelvollzug lässt sich als Setting die spezifische Gestaltung der kontextuellen Bedingungen des therapeutischen Milieus definieren. Details und spezifische Settings werden im folgenden Abschnitt beschrieben.

Milieu

Ein Milieu ist grundsätzlich das Umfeld bzw. der Lebensraum, in dem der Einzelne sich befindet und in dem er lebt. Maßregelvollzugseinrichtungen sind durch spezielle Milieus gekennzeichnet. Diese werden zum einen durch die institutionellen Faktoren geprägt, beispielsweise durch die architektonische Gestaltung, durch Regelwerke (Gesetze, Vorschriften, Sicherheitskonzepte, implizite Regelungen wie Umgangsformen etc.) sowie durch therapeutische Ansätze und Angebote. Zum anderen wird das Milieu wesentlich durch die Untergebrachten und die Mitarbeitenden beeinflusst. Insbesondere die Haltung und das berufliche Selbstverständnis der Mitarbeiterinnen und Mitarbeiter spielen hier eine wichtige Rolle. Die bewusste, gezielte Gestaltung des Milieus, also die Etablierung eines therapeutisch wirksamen Milieus, ist eine Kernaufgabe der im Maßregelvollzug Tätigen, insbesondere der Pflegenden. Pflegende sind jederzeit vor Ort; eine ihrer Kernaufgaben ist die Begleitung, Unterstützung und Anleitung der Untergebrachten im Alltag und bei der Auseinandersetzung mit den Auswirkungen der Erkrankung und Unterbringung auf den Alltag.

Therapeutisches Milieu

Der Einfluss der institutionellen Umgebung ist in Maßregelvollzugseinrichtungen immer gegenwärtig. Dieser kann sich positiv, negativ, unterstützend oder behindernd auf den Therapie- und Behandlungsverlauf, auf die Sicherheit und auf die Gefährdungsaspekte, die von den Untergebrachten ausgehen können, auswirken.
Die aktuellen Ansätze in der Milieugestaltung entstanden aus der Auseinandersetzung mit negativen Erfahrungen aus den »Anstaltsmilieus«, insbesondere aus den Erkenntnissen zu den nachteiligen Einflüssen. Untersuchungen zeigen, dass ungünstige Milieueinflüsse in Einrichtungen Behandlungsverläufe und Therapieerfolge sowie die Sicherheit negativ beeinflussen (Sauter u.a. 2011). Eine wichtige Aufgabe der im Maßregelvollzug Tätigen ist daher die bewusste Milieugestaltung mit den Zielen:

- Herstellung von Settings und Milieus, die einen optimalen Behandlungsverlauf und eine Gefährdungsreduktion ermöglichen,
- gezielte Gestaltung und Veränderung von Umweltfaktoren und Umgangsformen.

Dies findet sich in der Praxis beispielsweise in der Inneneinrichtung von Stationen wieder oder in Stationsregeln, die in Bezug zu dem gemeinsamen Miteinander auf der Station stehen.

Die bewusste Gestaltung des Milieus kann den Untergebrachten neue Bedeutungsräume erschließen. Sie stellt im Zusammenspiel mit der Soziotherapie einen wichtigen Ansatz zur Gestaltung einer Umgebung innerhalb der Institution Maßregelvollzug dar, der Kompetenzen im Bereich der Aktivitäten und Teilhabe am sozialen Alltagsleben bei den Untergebrachten ausbilden und fördern soll.
Zur Erreichung dieser Ziele und positiven Effekte müssen Settings und Milieus multidisziplinär unter Berücksichtigung medizinischer, pflegerischer, psychologischer, sozialer und infrastruktureller Aspekte und Erkenntnisse gezielt sicherheits- und therapieförderlich gestaltet werden. Hierbei gilt es auch, die spezifischen Voraussetzungen der Untergebrachten zu berücksichtigen, beispielsweise ihre Krankheitsbilder und Beeinträchtigungen, aber auch ihre Wünsche und Vorstellungen bezüglich der Milieugestaltung, die explizit thematisiert und, wenn möglich, eingebunden werden sollten.

Prinzipien der Milieugestaltung

Bereits vor über dreißig Jahren wurden Prinzipien benannt, die es bei der Gestaltung von Milieus zu berücksichtigen gilt (Gunderson 1983). Dies zeigt, dass das Thema der Milieugestaltung die Psychiatrie schon lange beschäftigt. Als wichtigste Prinzipien werden definiert:

Kontrolle: Diese erfolgt unter anderem durch:

- die Schaffung eines äußeren Rahmens,
- die Erfüllung von Grundbedürfnissen,
- eine medizinische Betreuung und
- das Schaffen von Sicherheit für die Gemeinschaft der Untergebrachten, aber auch für die Besucher und Beschäftigten.

In der Vergangenheit wurde der Aspekt der ganzheitlichen Sicherheit oftmals nicht ausreichend berücksichtigt. Aus der Sicht der Einrichtungen ist er jedoch als absolut notwendig zu erachten; die mit dem Thema Sicherheit verbundenen Bedürfnisse und Bedarfe aller Beteiligten müssen berücksichtigt werden, es muss eine offene Gesprächs- und Diskussionskultur diesbezüglich geben, um (möglichst) allen Mitarbeitenden das Gefühl der Sicherheit zu vermitteln. Denn nur wenn die Mitarbeitenden sich sicher fühlen, können sie den Betroffenen souverän gegenübertreten, auch ihnen ein Gefühl von Sicherheit vermitteln und in der Folge die weiteren Grundprinzipien der Milieugestaltung erfüllen.

Unterstützung: Eine wichtige Aufgabe der im Maßregelvollzug Tätigen besteht darin, die Untergebrachten zu unterstützen, indem sie ihnen unter anderem als Vorbild zur Verfügung stehen, ihnen im Rahmen der professionellen Beziehungsgestaltung (Nähe/Distanz) Zuwendung geben und Hoffnung vermitteln. Dabei ist es wichtig, dass die Unterstützung auf der Grundlage der persönlichen Bedürfnisse des Untergebrachten erfolgt und nicht nach dem Motto: »Ich weiß ja, was gut für Sie ist.«

Strukturierung: In Theorie und Praxis sind häufig Aussagen bezüglich der Wichtigkeit von Struktur zu hören, die notwendig ist, um nach der Zeit im Maßregelvollzug möglichst straffrei und genesen leben zu können. Diese Struktur bezieht sich sowohl auf die Tagesplanung wie auch auf die Strukturierung bestimmter Aktivitäten oder Tätigkeiten. Dies kann von festen Zeitpunkten für die Einnahme von Mahlzeiten und Medikamenten gehen bis zum planhaften Vorgehen bei der Vorbereitung einer gemeinsamen Mahlzeit. Um eine gewisse Struktur zu erlangen und umsetzen zu können, benötigen die Untergebrachten Vorgaben in Form von Vorbildern seitens der Mitarbeitenden (sind diese zum Beispiel verbindlich bei der Einhaltung von Terminen, wie gehen diese bei der eigenen Arbeit vor?). Auch Informationen über Aktivitäten und den Ablauf des Tages in Form von Tages- bzw. Wochenplänen und Stationsordnungen können ebenso hilfreich sein wie Vorbilder und Struktur hinsichtlich jahreszeitlicher Besonderheiten, die sich unter anderem in der Milieugestaltung der Behandlungseinheit darstellen lassen.

Engagement: Im Hinblick auf Engagement sind sowohl die Mitarbeitenden als auch die Untergebrachten zur aktiven Gestaltung aufgefordert. Aufgabe der Mitarbeitenden (sowohl denen in den Behandlungseinheiten wie auch denen des Managements der Einrichtungen) ist es, innerhalb der vorgegebenen Strukturen und Rahmenbedingungen Gruppen, Versammlungen und Gremien zu gestalten, die den Untergebrachten die Möglichkeit zur Mitentscheidung und -bestimmung bieten. Zu denken wäre hier zum Beispiel an die Auswahl von Freizeitaktivitäten wie einem Tischtennisturnier auf der Station oder einem Grillnachmittag im Stationsgarten. Aber auch bei Regelungen, die das gemeinsame Miteinander in der Behandlungseinheit betreffen, können die Betroffenen mit einbezogen werden: Wie wird beispielsweise die Ordnung in den Gemeinschaftsräumen der Station gewährleistet und gehandhabt? Für die Untergebrachten bedeutet dies die Möglichkeit, mitzugestalten und (Mit-)Verantwortung zu übernehmen.

Möglichkeiten der Milieugestaltung aus der Praxis

Morgenrunden: Sie dienen der täglichen wechselseitigen Informationsweitergabe und Tagesplanung. So können beispielsweise Termine, die personelle (Tages-)Besetzung, Therapieangebote und mögliche Besonderheiten durch die Mitarbeitenden mitgeteilt werden. Seitens der Untergebrachten können aktuelle Anliegen, Ideen wie das Anschauen einer gemeinsamen Fernsehsendung oder der Wunsch nach gemeinsamen Aktivitäten am Abend angesprochen werden. Die Moderatorenrolle in der Morgenrunde kann sowohl von Mitarbeitenden als auch von Untergebrachten übernommen werden, in der Praxis hängt dies häufig von der konzeptionellen Ausrichtung der Behandlungseinheit ab. Die Dauer der Morgenrunde liegt üblicherweise zwischen 15 und 30 Minuten.

Stations- und/oder Hausversammlungen: Anders als Morgenrunden finden diese Versammlungen im Maßregelvollzug weniger oft, zum Beispiel einmal in der Woche, statt. Hier kommen die meisten Elemente der Milieutherapie zum Einsatz. Es bietet sich an, die Stationsversammlung anhand einer Themenliste zu gestalten. Diese kann bereits einige Tage zuvor bekannt gemacht werden, sodass alle Beteiligten die Möglichkeit haben, sich einzubringen.
Inhalte sind häufig das Zusammenleben im Stationsalltag (Konflikte, Ordnung, Sauberkeit etc.) und die Planung bestimmter Stationsaktivitäten zu unterschiedlichen Anlässen wie Weihnachtsfeiern, Zuckerfest und Ähnliches. Es ist in der Praxis häufig der Fall – zumindest auf Therapiestationen –, dass die Versammlung von einem der Untergebrachten geleitet und von einem anderen auch das Protokoll erstellt wird.
Wochenpläne: Eine zwar einfache, aber dennoch oft wichtige und Verbindlichkeit herstellende Art der Strukturgebung ist der Wochenplan. Dieser kann, für alle ersichtlich, an einer bestimmten Stelle der Station bzw. Behandlungseinheit ausgehängt werden. In diesem Plan finden sich alle feststehenden, für die Allgemeinheit relevanten, regelmäßigen Angebote wieder, beispielsweise Versammlungen, Mahlzeiten, Übergaben bzw. Teambesprechungen. Auf den einzelnen Untergebrachten individuell zutreffende Therapien und Angebote finden sich dagegen in einem individuellen Therapie- oder Wochenplan wieder, den der Betreffende in regelmäßigen Abständen, etwa wöchentlich oder monatlich, neu ausgehändigt bekommt.
Untergebrachtensprecher bzw. -rat: Durch die Bildung eines Rates der Untergebrachten können die Mitsprache und die gemeinsame Entscheidungsfindung deutlicher hervorgehoben und verbessert werden. Die Zusammensetzung kann dabei auf unterschiedliche Art und Weise geschehen. Es kann zunächst auf jeder Station oder Behandlungseinheit ein Sprecher von den Untergebrachten gewählt werden. Diese Sprecher bilden dann den Untergebrachtenrat innerhalb der

Einrichtung. Dieser Rat kann und sollte an unterschiedlichen Vorgängen und Entscheidungen beteiligt werden, zum Beispiel wenn es um die Gestaltung des Außengeländes, die Anschaffung neuer Freizeit- und Beschäftigungsmöglichkeiten oder um die Ausrichtung eines Sommerfestes in der Einrichtung geht. Die Bildung und Einbeziehung eines solchen Gremiums setzt eine hohe recoveryorientierte Haltung der Einrichtung und ihrer Mitarbeitenden voraus. ↗ **Recovery, Seiten 74, 79 ff., 93, 121 f.**

Milieugestaltung im Unterbringungsverlauf

Folgende Möglichkeiten der Milieu- und Settinggestaltung sind beispielhaft für die einzelnen Abschnitte der Unterbringung und Behandlung.

Aufnahme- / Krisenstation

Während dieses Abschnitts der Unterbringung ist ein strukturgebendes Milieu förderlich, in dem folgende Ziele und Maßnahmen im Fokus stehen:
Dem Untergebrachten wird der Maßregelvollzug erklärt, die Rahmenbedingungen und Hintergründe der Unterbringung sowie die Ziele und Inhalte. In der Praxis zeigt sich, dass die meisten Untergebrachten insbesondere zu Beginn diesbezüglich große Wissensdefizite aufweisen.
Notwendig ist die Unterstützung einer realistischen Wahrnehmung des Untergebrachten hinsichtlich bedrohender und belastender Faktoren, die oftmals durch die Erkrankung und die spezifische Sozialisation hervorgerufen werden und die den Alltag und das Miteinander in der Gruppe beeinträchtigen.
Das Erarbeiten und Anwenden geeigneter Bewältigungsstrategien für den Umgang mit den belastenden Faktoren sollte nicht unterbleiben.
Dem Untergebrachten sind die im Rahmen der Institution vorhandenen Unterstützungs- und Fördersysteme bekannt zu machen und

die Nutzung dieser einzuüben. Eine weiterführende Zielsetzung und Behandlungsplanung ist zu erarbeiten.
Während dieses Abschnitts der Unterbringung liegen die Hauptaufgaben der Mitarbeitenden im Aufbau einer tragfähigen professionellen Beziehung, in der engen Begleitung, in Zweiergesprächen, in ersten Ansätzen der Psychoedukation und in der Adherenceförderung. Die Vermittlung einer sinnhaften persönlichen Orientierung – der Unterbringung einen Sinn abzugewinnen und hoffnungsvoll in die Zukunft zu blicken – ist eine weitere wesentliche Aufgabe während der ersten Phase der Unterbringung. ↗ **Adherencetherapie, Seiten 84 ff.**

Regel- / Therapiestation

Während der Unterbringung auf sogenannten Regel- oder Therapiestationen fördern Setting und Milieu möglichst weitgehend die Eigenverantwortung und Partizipation der Untergebrachten. Die Förderung der Selbstständigkeit und der sozialen Kompetenzen bilden Schwerpunkte. Individuelle Probleme und Informations- bzw. Wissensdefizite gilt es zu bearbeiten. Die Mitarbeitenden können dieses Milieu durch Maßnahmen wie Großgruppenangebote, gezielte, symptomfokussierte Psychoedukationsangebote, soziales Kompetenztraining, Informationsvermittlung und durch die Unterstützung bei der Fortentwicklung eines persönlichen Lebenssinns und einer Orientierung fördern.

Lange Therapieverläufe

Einige der Untergebrachten im Maßregelvollzug weisen aufgrund ihrer Gefährlichkeit für die Allgemeinheit die Notwendigkeit einer lang andauernden Unterbringung von sechs Jahren und mehr auf. Bei diesen Personen haben sich die psychischen Erkrankungen chronisch manifestiert, die erhebliche Gefährlichkeit für die Allgemeinheit bleibt bestehen.
Bei der Gestaltung eines geeigneten Settings und Milieus für Langzeituntergebrachte bilden der Erhalt und die Pflege gesunder, selbstständiger Anteile einen Schwerpunkt. Die Förderung der Lebensqualität unter den gegebenen Rahmenbedingungen im Maßregelvollzug

ist bei diesen Menschen oft wichtiger als erfolgreiche Therapieverläufe. Das Milieu ist möglichst auf ein Gemeinschaftserleben in Kleingruppen (Wohnen, Freizeit, Beschäftigung) ausgelegt. Niederschwellige Angebote und ein wenig verpflichtendes therapeutisches Programm bilden weitere Säulen des Milieus und Settings. Veränderungen und Fortschritte finden hier in der Regel sehr kleinteilig statt. Dies bedarf der sensiblen Wahrnehmung und Geduld durch die Mitarbeitenden.

Rehabilitation

Im Rahmen dieser letzten Unterbringungs- und Behandlungsphase steht die Förderung der Selbstständigkeit und Eigenverantwortung zur Vorbereitung auf ein eigenständiges Leben außerhalb der Einrichtung an zentraler Stelle. Das Milieu sollte animierend und reflektierend gestaltet sein: Autonomie und Teilhabe in den Bereichen Soziales, Freizeit und Beschäftigung/Berufstätigkeit gilt es zu erlernen und zu fördern. Tagesstruktur, berufliche Perspektiven und Freizeitgestaltung müssen ausgearbeitet, ausprobiert und gefestigt werden. Weiterführende Therapie- und Behandlungsmöglichkeiten gilt es zu planen; der Untergebrachte muss das erforderliche Wissen hierüber erhalten, denn vielfach sind dies Inhalte der Weisungen, die die Betroffenen durch das zuständige Gericht im Rahmen der Führungsaufsicht auferlegt bekommen.
Notfallpläne müssen erarbeitet werden, damit der Betroffene mit Krisen wie gesundheitlicher Verschlechterung oder dem Verlangen, wieder Suchtmittel zu konsumieren, außerhalb des geschützten Rahmens adäquat umgehen kann. Die erforderlichen Hilfesysteme und komplementären Dienste wie ambulant betreutes Wohnen, rechtliche Betreuer und die forensische Nachsorgeambulanz gilt es zu installieren bzw. mit einzubeziehen.
Die Maßnahmen, die die Mitarbeitenden den Untergebrachten in diesem animierenden und reflektierenden Milieu anbieten, haben ihre Schwerpunkte in Klein- und Großgruppenangeboten, Interventionen zum Erlernen von Alltags- und sozialen Kompetenzen,

Unterstützung bei der Alltagsstrukturierung, Psychoedukation und Adherencetherapie. Insbesondere in dieser Unterbringungs- und Behandlungsphase sind Ehrlichkeit und Transparenz wichtige Elemente der professionellen Grundhaltung, da sie oft eine bedeutende Rolle bei der Sinnfindung und persönlichen Ausrichtung der Untergebrachten im Hinblick auf die Zeit nach der Maßregel darstellen. Auch die Übergabe von Verantwortlichkeiten hat in dieser Phase eine große Bedeutung, ebenso sollte eine Erfolg versprechende Entlassplanung und -vorbereitung für die Milieugestaltung berücksichtigt werden.

Verantwortungsübernahme

Bei der Arbeit im Maßregelvollzug gilt es, sich darüber bewusst zu sein, dass sowohl durch die Mitarbeitenden als auch durch die Besonderheiten der Unterbringung in einer Institution den Betroffenen, abhängig vom Auftrag und Schwerpunkt der jeweiligen Behandlungseinheit, viel Verantwortung abgenommen wird. Dies können alltägliche Verantwortlichkeiten sein wie selbstständiges und rechtzeitiges morgendliches Aufstehen, der Umgang mit den zur Verfügung stehenden finanziellen Mitteln, Terminabsprachen oder auch die Raumpflege. Aber auch Verantwortlichkeiten, die sich aus Verträgen ergeben, gehören dazu, etwa die außerhalb der Einrichtungen nahezu alltäglichen Angelegenheiten wie der Abschluss eines Mobilfunkvertrags, das Eröffnen eines Bankkontos, die Mitgliedschaft in einem Verein. Alles das muss dem Betroffenen wieder überantwortet werden, im Bedarfsfall mit Unterstützung und in kleinen Schritten. Dazu gehören auch die Verantwortlichkeiten im sozialen Bereich – im Maßregelvollzug befindet sich der Untergebrachte zwangsweise in einer Gemeinschaft, außerhalb ist er selbst dafür verantwortlich, sein soziales Netzwerk aufzubauen und zu pflegen.

MERKE → **Die Mitarbeitenden entscheiden in hohem Maße darüber, wie viel Privatheit und Mitsprache den Untergebrachten gegeben wird! Die Untergebrachten entscheiden, ob und inwieweit sie diese Möglichkeiten nutzen!**

Sozialpsychiatrische Elemente der Unterbringung

Sozialpsychiatrische Elemente sind eine wesentliche Grundlage der professionellen, an aktuellen Erkenntnissen ausgerichteten Gestaltung der Settings und Milieus im Maßregelvollzug.
Maßregelvollzugseinrichtungen sind Institutionen, auf die viele Merkmale einer »totalen Institution« (Goffman 1973) zutreffen, auch wenn es in den letzten Jahren zahlreiche Erfolg versprechende neue Konzepte und Ansätze gab, um dies zu ändern und um die negativen Auswirkungen der Institution auf die Untergebrachten zu mildern.
Für die Betroffenen sind viele der als »gesellschaftlich normal« angesehenen sozialen Bezüge nicht verfügbar, sie werden unterbunden oder sogar ins Gegenteil verkehrt. Außerhalb der Institution hingegen sind diese Bezüge Grundlagen des täglichen Lebens. Die mit der Unterbringung verbundenen Einschnitte können für die Betroffenen schwerwiegende Auswirkungen haben, die sich in der Regel negativ auf den späteren Wiedereingliederungsprozess auswirken.
Bei der Arbeit im Maßregelvollzug müssen die Auswirkungen auf den Untergebrachten, die durch die Eigenschaften der Institution und den mit der Unterbringung verbundenen sozialen Einschnitten hervorgerufen werden (können), berücksichtigt und im Alltag immer wieder ins Bewusstsein gerückt werden, damit negative Auswirkungen frühzeitig erkannt und ihnen entgegengewirkt werden kann – soweit die institutionellen Bedingungen es ermöglichen. Die Wahrung einer größtmöglichen Normalität unter den gegebenen Rahmenbedingungen und die Orientierung an der »Welt draußen« sind wichtige Elemente der professionellen Arbeit.
Persönliche und intrinsische Faktoren beim Untergebrachten dürfen dabei nicht außer Acht gelassen werden, beispielsweise die Bereitschaft, Veränderungen einzugehen oder die psychische Erkrankung, von der die Gefährlichkeit für die Allgemeinheit ausgeht, zu bearbeiten und zu behandeln.

Die Milieus und Settings innerhalb der Einrichtung, die maßgeblich von den dort Tätigen mitgestaltet werden, haben nachweislich Einfluss auf die unterbringungsinduzierten Phänomene, im Positiven wie im Negativen.
Die Effekte der totalen Institution auf den Einzelnen sind in der Regel nachteilig und prägen die dortige Sozialisation, also die Anpassung an die Denk- und Gefühlsmuster durch Verinnerlichung der vorherrschenden sozialen Normen der Einrichtung. Das beginnt schon mit der Grundvoraussetzung, dass die Untergebrachten üblicherweise unfreiwillig im Maßregelvollzug leben.
Das gesamte Leben findet am selben Ort und unter derselben Autorität statt. Grenzen, die normalerweise verschiedene Orte und Autoritäten des täglichen Lebens voneinander trennen (Arbeiten, Wohnen und Freizeit), sind weitestgehend aufgehoben. Die Untergebrachten haben nur sehr eingeschränkte Möglichkeiten, selbst Grenzen zwischen den Bereichen des täglichen Lebens zu ziehen – und vor allem: zu gestalten.
Der Tagesablauf ist strukturiert und wird zumeist für alle Untergebrachten identisch durch die Institution vorstrukturiert; eine eigenständige, im Hinblick auf die Rehabilitation sinnvolle Alltagsstrukturierung ist dem Einzelnen kaum möglich.
Die Untergebrachten verbringen den gesamten Tag in einer Zwangsgemeinschaft inmitten einer großen Zahl von Mituntergebrachten und professionell Helfender. Auf die Zusammensetzung der Gruppe und auf die Mitarbeitenden kann seitens der Gruppenmitglieder kein Einfluss ausgeübt werden. Private Rückzugsmöglichkeiten sind sehr beschränkt, insbesondere bei der Unterbringung in Mehrbettzimmern.
Mit dem Eintritt in die Maßregelvollzugseinrichtung bricht der Untergebrachte seine bisherigen sozialen Bezüge zur Familie, zu Verwandten, Kollegen und Freunden weitestgehend ab und lässt den größten Teil seines persönlichen Besitzes außerhalb zurück. Der Er-

werb neuen Besitzes unterliegt während der Unterbringung der Kontrolle durch die Einrichtung. Anschaffungen wie ein Fernsehgerät oder ein Zeitschriftenabonnement, die sonst selbstverständlich und eigenverantwortlich getätigt werden, unterliegen in der Einrichtung der Genehmigung durch die Mitarbeitenden.
Aufgrund der räumlichen Begrenztheit innerhalb der Institution und zahlreicher gesetzlicher Vorgaben sowie der in der Regel nur eingeschränkt zur Verfügung stehenden Finanzmittel können die Untergebrachten lediglich beschränkt über persönlichen Besitz verfügen. Sie müssen sich oftmals entscheiden, welche Gegenstände sie in ihrem Zimmer zur Verfügung haben möchten, und zwar allein schon aus Platzgründen. Dabei sind Gegenstände, die gegen Sicherheitsrichtlinien verstoßen (hierzu gehören meistens auch Smartphones oder internetfähige Spielkonsolen), nicht gestattet. Zudem gibt es zahlreiche weitere Vorschriften (etwa Brandschutz), die den Erwerb und Besitz persönlichen Eigentums in der Einrichtung begrenzen.
Diese Merkmale sind nicht in allen Bereichen des Maßregelvollzugs gleich stark ausgeprägt, beispielsweise sind diese in einer hoch gesicherten Behandlungseinheit zur Krisenintervention stärker prägend als in einer Behandlungseinheit mit rehabilitativem Auftrag. Zudem hat jeder Untergebrachte in seinem Lebenslauf eine individuelle Sozialisationsentwicklung durchlaufen, vor deren Hintergrund die Merkmale einer totalen Institution jeweils auch unterschiedliche Wirkungen haben.
Die Sozialisation innerhalb der Einrichtung wird neben den beschriebenen Merkmalen der totalen Institution stark beeinflusst durch weitere mit der Unterbringung einhergehende Veränderungen, etwa:

- Veränderungen im persönlichen Spektrum sozialer Rollen,
- Veränderungen im sozialen Netzwerk,
- Hospitalismus.

Rollenveränderungen und -aufhebungen finden im Zusammenhang mit einer Unterbringung unweigerlich statt, beispielsweise von den verschiedenen, sich ausgleichenden Lebensbereichen Wohnen, Arbeit und Freizeit. Die Rollen als Ehepartner, Vater, Freund, Kumpel, Nachbar, Hobbyfußballer und als berufstätiger Erwachsener werden verengt zu einem ausschließlich psychisch erkrankten Rechtsbrecher, der im Maßregelvollzug untergebracht werden musste.

Soziale Netzwerke

Durch diese Unterbringung werden die bisherigen sozialen Bezüge in der Regel teilweise oder vollständig unterbrochen, Kontakte werden oberflächlicher und ausgedünnt. Während der Unterbringung werden die Betroffenen unfreiwillig von der Teilhabe am Leben in der Gesellschaft weitestgehend ausgeschlossen. Vielfach ist die Pflege von Kontakten außerhalb der Einrichtung ausschließlich abhängig vom gewährten Lockerungsstatus und vom Fortschritt der Therapie. Dies bedeutet zum Beispiel, dass Besuche in vielen Einrichtungen zuvor durch das Behandlerteam genehmigt werden müssen, und zwar oft erst nachdem ein gemeinsames Gespräch mit den potenziellen Besuchern stattgefunden hat. Kontakte beispielsweise zu Vereinen werden während der Unterbringung oft langfristig ausgesetzt und können erst bei der entsprechenden Lockerung wie Einzelausgang außerhalb des Klinikgeländes wieder aufgenommen werden.

Einige soziale Kontakte dürfen aus therapeutischen Gründen nicht aufrechterhalten werden, wenn die Netzwerkkonstellation ungünstig ist, wenn dadurch deliktnahes Verhalten begünstigt wird oder der Rückfall zum Suchtmittelkonsum befürchtet werden muss.

Die Stigmatisierung von Untergebrachten im Maßregelvollzug hat zur Folge, dass viele Kontakte gänzlich abgebrochen werden, und zwar sowohl von den Betroffenen selbst als auch von ihren Angehörigen, Freunden, Bekannten. In der Praxis ist häufig festzustellen, dass der Betroffene und sein soziales Umfeld über lange Zeiträume, oftmals mehrere Jahre, den Belastungen, die durch die psychische Erkrankung vorherrschten, ausgesetzt waren. Diese für alle Beteiligten schwierige Situation fand ihre Zuspitzung im Anlassdelikt für die

Unterbringung. Nicht selten sind Personen aus dem nahen Umfeld einbezogen in das Delikt oder aber sogar Opfer. Die Unterbringung kann in derartigen Fällen Entlastung und Belastung zugleich sein. Zur Verdeutlichung ein Fallbeispiel:

BEISPIEL → Ein 27-jähriger Mann, seit seinem 21. Lebensjahr an einer Psychose erkrankt, mit religiös geprägten Wahnvorstellungen und zeitweiligem Cannabiskonsum, um – so der Betroffene – die Stimmen, die er hört (Jesus und einige seiner Apostel) zu bewältigen. Der Betroffene lebte bis zum Delikt bei seinen Eltern in einem augenscheinlich intakten Umfeld. Nach einer mehrmonatigen Phase ohne Behandlung und Medikation verschlechterte sich der psychische Gesundheitszustand jedoch, und der junge Mann begann, Familienmitglieder als »Satansmenschen« zu verkennen. Er fühlte sich von ihnen bedroht und sah sie als Unheil an. In der Folge verletzte er seinen Vater, der für ihn der Teufel war und den Gott ihm als Probe geschickt hatte, sehr schwer, unter anderem attackierte er ihn mit einem Messer. Bei der Festnahme durch die Polizei leistete der Betroffene schweren Widerstand. Der Vater überlebte den Angriff ohne körperliche Folgeschäden.
Es erfolgte die Unterbringung, zunächst nach § 126a StPO. Nach Rechtskraft des Urteils wurde der Betroffene schuldunfähig nach § 63 StGB im Maßregelvollzug untergebracht. Mit Beginn der Unterbringung erfolgte ein lang andauernder Kontaktabbruch zur Familie. Nach mehreren Monaten im Maßregelvollzug nahm der Betroffene, unterstützt und begleitet durch das Behandlungsteam, erstmals telefonisch Kontakt zu seinen Eltern auf. Schrittweise wurde dieser Kontakt wiederhergestellt, in enger Begleitung durch das Team bis hin zu begleiteten Besuchen im Elternhaus. So fanden beispielsweise Elterngespräche statt, die den Eltern Erkrankung, Delikt, Bedeutung und Chancen der Unterbringung darlegten.

Aktuell sind die Eltern bereit, den Sohn nach der Entlassung zu unterstützen und wieder bei sich aufzunehmen, es finden bereits erste Übernachtungen statt und die Dauerbeurlaubung mit den Entlassungsvorbereitungen wird geplant.

Dieser Fall verdeutlicht zum einen, wie wichtig das soziale Umfeld, der »soziale Empfangsraum«, für die Betroffenen sein kann, insbesondere hinsichtlich einer Entlassungsplanung. Zum anderen wird deutlich, dass der Einbezug des sozialen Umfelds und das Vermeiden langfristiger Kontaktabbrüche eine wichtige Aufgabe der Mitarbeitenden ist. Ressourcen und Möglichkeiten, die sich im Hinblick auf die Gefährlichkeitsreduktion und Behandlung durch Einbezug des sozialen Umfelds ergeben, gilt es daher auszuschöpfen. Gleichzeitig sind Mitarbeitende im Maßregelvollzug in einer Doppelfunktion tätig: Neben dem Behandlungsangebot für die Untergebrachten geht es auch darum, Angehörige beim Umgang und der Bewältigung der Unterbringung zu begleiten und sie keinem überhöhten Risiko auszuliefern.

MERKE → **Angehörige stellen eine große Ressource dar, die genutzt werden sollte.**

Seine sozialen Kontakte innerhalb der Maßregelvollzugseinrichtung kann der Betroffene nicht frei wählen. Durch die Unterbringung und den damit verbundenen sozialen Einschnitten und Stigmata entsteht in der Folge häufig ein geringes Selbstwertgefühl.
Spezifische soziale Erlebnisse können außerdem durch den Untergebrachten überbewertet oder falsch interpretiert werden, etwa aufgrund eines Mangels an sozialen Erfahrungen während der Unterbringung. Beispielsweise werden von längerfristig Untergebrachten Kontakte zum anderen Geschlecht, die auf einer professionellen Beziehungsebene stattfinden, etwa durch die Bezugspflegekraft, mitunter falsch interpretiert im Sinne einer Freundschaft oder sogar einer potenziellen Liebesbeziehung. Dieses Beispiel verdeutlicht die

Wichtigkeit einer regelmäßigen Reflexion des Nähe-Distanz-Verhältnisses.
Häufig entsteht eine selektiv negative Wahrnehmung, bei der positive Ereignisse systematisch ausgeblendet werden. In der Praxis zeigt sich, dass Mitarbeitende im Maßregelvollzug oft eine einseitig negative Wahrnehmung der Untergebrachten haben, die auf die Erkrankung, das Delikt und die damit verbundenen Defizite zielt. Ressourcen und positive Eigenschaften, auch aus der Zeit vor der Unterbringung wie beispielsweise ein erlernter Beruf, Hobbys oder ein soziales Netzwerk, gilt es bewusst in den Fokus zu stellen. Diese können zum einen wertvolle Ressourcen darstellen, die im Rahmen der Therapie und Rehabilitation genutzt werden sollten. Zum anderen ist es hilfreich für die im Maßregelvollzug Tätigen, ein ganzheitliches, differenziertes Bild des Betroffenen zu haben, um das Behandlungs- und Therapieangebot möglichst zielgerichtet gestalten zu können.
Depressive Attribuierungsmuster, bei denen eigene Misserfolge auf stabile und grundsätzliche Persönlichkeitseigenschaften zurückgeführt werden, führen oft dazu, dass individuelle Erfolge mit Zufällen oder situativen Umständen begründet werden.
Mit dem Verlauf der Unterbringung verlernen viele Untergebrachte soziale Kompetenzen, die die Alltagsbewältigung in der Gesellschaft beeinträchtigen. Dies kann beispielsweise die Erledigung von Bankangelegenheiten betreffen, den Umgang mit neuen Medien oder selbstständiges Wirtschaften mit dem zur Verfügung stehenden Geld.

BEISPIEL → Ein 47-jähriger Mann mit einer Schizophrenieerkrankung war bereits rund acht Jahre im Maßregelvollzug untergebracht. Das Anlassdelikt war versuchter Totschlag im Rahmen einer Verkennung. Vor der Unterbringung war der Betroffene als Schreiner tätig und bekam seinen Alltag gut selbst strukturiert und lebte auch in einer eigenen Wohnung. Während der Unterbringung bekam er das übliche Taschengeld (Bargeld, wöchentlich ausgezahlt), Bekleidungsgeld (in Form von Guthaben, das über die Kasse der Einrichtung verwaltet wurde) und Entlohnung aus der Arbeitstherapie, die ebenfalls in Form kleiner Barbeträge ausgezahlt oder als Übergangsgeld angespart wurde für die Zeit nach der Entlassung (für eine Wohnungseinrichtung oder Ähnliches). Die administrativen Tätigkeiten wurden, wie üblich, weitestgehend durch Mitarbeitende der Klinik oder durch den gesetzlichen Betreuer übernommen.

Im Rahmen eines begleiteten Ausgangs außerhalb des Klinikgeländes wollte der Betroffene – seine Dauerbeurlaubung wurde bereits geplant – ein Girokonto bei einer örtlichen Bank eröffnen und seinem Neffen als Geschenk zum Geburtstag ein wenig Geld überweisen. Der Bankbesuch wurde zuvor mit der Bezugspflegekraft und dem zuständigen Sozialarbeiter geplant und besprochen. Nach Eröffnung des Girokontos sollte der Betroffene durch einen Mitarbeiter der Bank in das Selbstbedienungsterminal für Geldtransaktionen eingewiesen werden.

Mitten in dieser Einweisung wurde der Betroffene plötzlich sehr aufgeregt, verließ die Bankfiliale und begann, draußen zu weinen. Im Gespräch mit seiner Bezugspflegekraft äußerte der Betroffene anschließend, dass ihm in dem Moment, als der Bankangestellte ihm das Terminal erklären wollte, bewusst geworden sei, was er während der Zeit der Unterbringung verpasst und verlernt hatte. Damals, vor seiner Unterbringung, habe er Überweisungen auf Papiervordrucken ausgefüllt und sei im Alltag gut klargekommen. Nun habe er Angst, den Anforderungen »draußen« nicht mehr gerecht werden zu können.

Dieses Beispiel zeigt deutlich, dass während der Unterbringung im Maßregelvollzug stets ein Bezug zum Alltag und der Gesellschaft außerhalb des Maßregelvollzugs aufrechterhalten werden muss, gerade in einer sich rasant entwickelnden Gesellschaft. Ist doch das oberste Ziel der Unterbringung die spätere Wiedereingliederung nach vorangegangener Besserung und Sicherung. Die Einschränkung des sozialen Netzwerks kann sonst die soziale Isolation sogar noch forcieren.

Als *unterbringungsinduzierte Phänomene* werden alle negativen somatischen und psychischen Begleitfolgen definiert sowie Entbehrungen, die aus einer Unterbringung im Maßregelvollzug oder in einer anderen Einrichtung (in einem Krankenhaus, einem Heim, einer Justizvollzugsanstalt etc.) resultieren. Dies sind insbesondere Mechanismen, die durch die typischen Eigenschaften der totalen Institution ausgelöst werden.

In der Praxis können die Auswirkungen der institutionellen Einflüsse bei den Untergebrachten zu ganz verschiedenen Reaktionen führen: Austesten von Grenzen, eigene Regelauslegung, Rebellion gegen die Einrichtung und vieles mehr. Dies richtet sich meistens gegen die Mitarbeitenden vor Ort, die den Unmut der Untergebrachten zu spüren bekommen. Die Betroffenen können auf diese Lebenssituation ganz unterschiedlich reagieren, nämlich durch:

- Aggressionsdurchbrüche als Ausdruck der persönlichen Machtlosigkeit,
- Kolonisierung, also sich »häuslich« in der Institution einrichten und deren Vorteile soweit möglich mit dem geringsten Widerstand ausnutzen,
- Konversion als Bekenntnis zur Institution, Übernahme(-versuch) der Rolle des »Muster-Betroffenen« oder auch der Wunsch, geradezu als »Hilfstherapeut« (für andere!) zu erscheinen.

Im Maßregelvollzug Tätige müssen stets kritisch prüfen, inwieweit diese Aspekte Auswirkungen auf den einzelnen Betroffenen oder auf die Gruppe haben, im Positiven wie im Negativen, und wie gegebenenfalls gegengesteuert werden kann.

Klarheit und Transparenz sind wichtige Elemente der professionellen Grundhaltung, die auf dem Weg zur Sinnfindung und zur persön-

lichen Orientierung der Untergebrachten hilfreich sind. Kritisches Hinterfragen der eigenen Arbeit und der institutionellen Gegebenheiten sollte eine Grundqualität der Arbeit sein, um die Auswirkungen der beschriebenen Einflüsse wahrnehmen und adäquat auf sie reagieren zu können.
Außerdem spielen die beschriebenen Eigenschaften der Unterbringung und des Maßregelvollzugs in Kombination mit den Informationen über den Untergebrachten eine wichtige Rolle, um die Behandlung, Therapie und Betreuung individuell abzustimmen und eine tragfähige Beziehung aufzubauen. Das bedeutet beispielsweise, dass Informationen über die Sozialisation eines Drogenabhängigen (wie hat er im Drogenmilieu gelebt, wie ist er in die Abhängigkeit geraten, vor welchem Hintergrund hat er sein Delikt begangen?) in einen Kontext mit den Eigenschaften der Unterbringung (etwa kein Zugang zu Suchtmitteln, Zwangsgemeinschaft, klare Regeln und Strukturvorgaben) und des Maßregelvollzugs (wie Freiheitsentzug und Therapieangebote) zu setzen sind. Oder man führt sich beispielsweise einen Betroffenen vor Augen, der vor seiner Unterbringung lange obdachlos war und ohne feste Tagesstruktur gelebt hat.
Vor diesen Hintergründen lassen sich zum Beispiel Verhaltensweisen des Betroffenen besser erklären oder Bestandteile des spezifischen Therapieplans ableiten.
Negative Reaktionen und Verhaltensweisen der Untergebrachten dürfen von den psychiatrisch Tätigen keinesfalls als persönliche Kränkung aufgefasst, sondern müssen vielmehr als Ausdruck der beschriebenen Auswirkungen der Unterbringung und der zugrunde liegenden Erkrankung angesehen werden. So kann die Ablehnung von Therapie- und Beziehungsangeboten ein Ausdruck der Macht- und Hilflosigkeit sein. Auch Streitigkeiten der Untergebrachten untereinander oder Beleidigungen der Mitarbeitenden können vorrangig Ohnmacht ausdrücken. Mit dem nötigen Hintergrundwissen können derartige Verhaltensweisen professionell und konstruktiv im

therapeutischen Prozess bearbeitet und genutzt werden als Grundlage für Veränderungen und Entwicklungen.
Im Maßregelvollzug Tätige aller Berufsgruppen müssen hinsichtlich dieser Aspekte stets selbstkritisch die eigene Haltung und das persönliche Handeln hinterfragen und es immer wieder neu ausrichten. Teambesprechungen, kollegiale Beratung und Supervision sind hierbei eine wichtige Unterstützung.
Bei der Arbeit im Maßregelvollzug ist es wichtig, eine Gestaltung von Milieu und Therapie zu verwirklichen, in denen positive Veränderungen und eine persönliche Entwicklung möglich sind.
Üblicherweise sind die Behandlungseinheiten bzw. Stationen in den Maßregelvollzugseinrichtungen spezialisiert auf einen bestimmten Behandlungs- oder Unterbringungsabschnitt oder aber auf ein bestimmtes Krankheitsbild der dort Untergebrachten. Ein Beispiel sind Aufnahmestationen, auf denen die Untergebrachten nach Eintreten der Rechtskraft der Maßregel zunächst aufgenommen werden. Hier wird in der Regel weitere Differenzialdiagnostik betrieben sowie der weitere Behandlungs- und Therapiebedarf eingeschätzt und geplant. Sind diese Aspekte geklärt und bearbeitet, erfolgt die Verlegung auf eine Therapiestation. Diese Behandlungseinheiten sind – je nach Einrichtung – auf bestimmte Krankheitsbilder oder auf konkrete Therapieformen ausgelegt. Wenn Behandlung und Therapie erfolgreich verlaufen, die Auswirkungen der Erkrankung auf die Gefährdung abnimmt und der Grad der Sicherung aufgrund abnehmender Gefährdung gelockert werden kann, erfolgt üblicherweise eine Verlegung auf eine weniger gesicherte, auf Rehabilitation und Wiedereingliederung fokussierte Behandlungseinheit.

MERKE → **Unterbringungsinduzierte Phänomene gilt es möglichst zu vermeiden oder so gering wie möglich zu halten, da sie schwerwiegende Auswirkungen für den Betroffenen und sein Umfeld haben können.**

Haltung, Beziehungsgestaltung und Konzepte im Maßregelvollzug

Die tägliche Arbeit mit den Untergebrachten erfordert von den Mitarbeitenden ein hohes professionelles Maß und kompetente Vielfältigkeit hinsichtlich von Methoden und Arbeitsweisen. Im folgenden Kapitel werden Grundlagen der professionellen Haltung, Konzepte und Werkzeuge der Arbeit beschrieben.
Der umgangssprachlich häufig als »Forensik« oder »forensische Psychiatrie« bezeichnete Maßregelvollzug ist eine Fachrichtung der Psychiatrie. Die aufgeführten Konzepte und Instrumente sind daher ebenso – teils in adaptierter Form – für die anderen Bereiche der Psychiatrie gültig, in der die gleichen Krankheitsbilder auftreten, wie zum Beispiel in den Fachabteilungen für Abhängigkeitserkrankungen. Neben den aufgeführten Ansätzen gibt es viele weitere Herangehens- und Arbeitsweisen. Wir wollen hier eine Auswahl vorstellen, die auf aktuellen wissenschaftlichen und praktischen Erkenntnissen sowie auf professionellen Ansprüchen basiert.

Haltung

Die persönliche Haltung der forensisch-psychiatrisch Tätigen spielt eine zentrale Rolle bei der praktischen Arbeit mit den Untergebrachten, und zwar sowohl bezüglich der Wirksamkeit der angebotenen Therapie und Behandlung als auch der Beziehungsgestaltung als Grundlage für die professionelle Arbeit. »Professionalität« impli-

ziert hier neben Fachwissen auch, hinreichend Kenntnisse über sich selbst zu haben, sich kritisch hinterfragen zu können und sich seiner Wirkung auf andere bewusst zu sein.
Eine positive, konstruktive Grundhaltung für die Arbeit im Maßregelvollzug zu entwickeln ist eine Herausforderung, gilt es doch mit psychisch kranken Rechtsbrechern, die teilweise schwere und unvorstellbare Taten begangen haben und im Alltag oft für das Umfeld herausforderndes Verhalten zeigen, eine professionelle Beziehung einzugehen und mittel- bis langfristig mit ihnen zusammenzuarbeiten.
Das Wissen, dass zu jedem Menschen alle menschlichen Möglichkeiten gehören, also die, die als »gut« erachtet, aber auch jene, die als »schlecht« oder »böse« angesehen werden, kann eine Grundlage für die Entwicklung einer hilfreichen Grundhaltung sein.
Untergebrachte auf ihr Delikt und die »schlechten« oder »bösen« menschlichen Möglichkeiten, die durch ihn umgesetzt wurden, zu reduzieren, führt zur Frustration bei Mitarbeitenden und Untergebrachten, auch wenn es in Einzelfällen in der Praxis schwierig scheinen mag, die »guten« Möglichkeiten und Facetten des Untergebrachten zu sehen, zu fokussieren und zu fördern.
Maßgeblich bei der Entwicklung einer solchen Haltung muss zudem der Auftrag des Maßregelvollzugs berücksichtigt werden. Als einzelner Mitarbeiter wie auch als multiprofessionelles Behandlungsteam bieten wir dem Untergebrachten Therapie und Behandlung an; über die Annahme des Angebots und die damit verbundenen Konsequenzen jedoch entscheidet der Betroffene selbst (mit Ausnahme der Zwangsmaßnahmen im juristisch zulässigen Kontext). Ablehnung seitens des Untergebrachten darf die professionelle Einstellung ihm gegenüber nicht zu seinen Ungunsten beeinflussen.
Im Alltag der forensischen Psychiatrie lässt sich die Haltung der Mitarbeitenden gegenüber den Untergebrachten und der Arbeit selbst als Abbild des beruflichen Selbstverständnisses schon an ver-

meintlich banalen Kleinigkeiten erkennen: Wie wird zum Beispiel über die Untergebrachten während der Dienstübergaben geredet? Werden auf einer Therapiestation die Türen zu den Diensträumen geschlossen, während Mitarbeitende in ihnen sind und am Computer die Essensbestellung vornehmen? Welche Möglichkeiten werden den Untergebrachten geboten, sich in Entscheidungsprozesse einzubringen?
Ein Ausdruck der persönlichen Haltung ist auch das Phänomen des Sich-Versteckens hinter Regeln. Die klaren Vorgaben im Maßregelvollzug sind umfassend und weitreichend, dennoch ist es in vielen Alltagssituationen notwendig und geboten, individuell und situationsbezogen zu handeln. Einerseits können und müssen Entscheidungen getroffen werden innerhalb der Spielräume, die die Regelwerke bieten. Andererseits gilt es, die Regeln, insbesondere jene, die durch die eigene Behandlungseinheit oder Einrichtung aufgestellt wurden, grundlegend zu hinterfragen und anzupassen oder einzelfallbezogen auszulegen. Dies setzt bei allen Mitarbeitenden kritisches Denken, Fachkompetenz und die Bereitschaft zur Übernahme von Verantwortung voraus, zum Beispiel wenn entgegen der geltenden Regel die Besuchszeit verlängert wird, weil Angehörige eine lange Anreise hatten und der Besuch für den Untergebrachten unterstützend und motivierend sein soll.

Vorbildfunktion

Ein weiterer Aspekt, der sich aus der Haltung der Mitarbeitenden ergibt, ist die Vorbildfunktion, die jeder bewusst und unbewusst, gewollt oder auch ungewollt gegenüber den Untergebrachten einnimmt. Die Vorbildfunktion wird bereits an scheinbar banalen Verhaltensweisen im Alltag deutlich: Wie begrüßt man einander? Wie werden Mahlzeiten miteinander eingenommen? Wie kleiden wir uns? Welchen Wert legen wir als Mitarbeitende auf Ordnung, Pünktlichkeit und Verbindlichkeit gegenüber den Untergebrachten?

Diese Situationen, in denen Mitarbeitende Vorbildfunktionen einnehmen, gilt es zu realisieren und kritisch zu reflektieren, insbesondere vor dem Hintergrund, dass viele Untergebrachte in der Zeit vor dem Maßregelvollzug keine oder nur unzureichend angemessene Vorbilder hatten, an denen sie Alltags- und soziale Kompetenzen erlernen konnten. Zudem haben die Eigenschaften der Institution Maßregelvollzug maßgeblichen Einfluss auf die Bedeutung von Vorbildern.

Beziehungsgestaltung

Überspitzt ausgedrückt werden die im Maßregelvollzug Tätigen dafür bezahlt, dass sie eine professionelle Beziehung zu den Untergebrachten aufbauen, um diesen Hilfe, Unterstützung und Begleitung bei der Bearbeitung ihrer Gesundheits- und Verhaltensprobleme, die die Unterbringung veranlassten, anzubieten. Kurz gesagt: Gefährlichkeitsreduktion ist der Kern der Arbeit und der professionellen Beziehungsgestaltung.

Diese Beziehungen werden gekennzeichnet durch ihre definierte zeitliche Dauer (etwa während des Verbleibs des Untergebrachten in einer bestimmten Behandlungseinheit) und durch die Tatsache, dass die Beteiligten sich die Zusammenarbeit in der Regel nicht frei aussuchen können und dass es ein Machtgefälle zwischen den Beteiligten gibt. Der Rahmen der Beziehung ist weitestgehend vorgegeben.

Eine tragfähige professionelle Beziehung zeichnet sich dadurch aus, dass die Betroffenen wie die Professionellen jeweils eigene Anteile einbringen; es steht beiden Seiten offen, welche und wie viel sie von sich zeigen. Üblicherweise ist der Professionelle zunächst die Antriebskraft in der Beziehung und deren Gestaltung. Ein derartiger Kontakt kann grundsätzlich nur entstehen und gestaltet werden, wenn der Professionelle die Vielschichtigkeit von Beziehungen kennt und bereit ist, sich aktiv auf den anderen einzulassen, ihn zu akzep-

tieren und seine Individualität zu respektieren. Sich selbst infrage zu stellen und zu hinterfragen sind dabei wichtige Elemente einer professionellen Beziehungsgestaltung.
Psychische Störungen werden auch als Beziehungsstörungen, als gestörte Beziehung zu sich selbst, seinem Körper, zu Mitmenschen oder/und zur Umwelt bezeichnet (DÖRNER u.a. 2013). Jede psychische Störung behindert Beziehungen zwischen dem Betroffenen und seiner Umwelt.
Psychisch Erkrankte haben oft Probleme, Kontakte zu Mitmenschen aufzubauen oder diese angemessen aufrechtzuerhalten. Untergebrachte im Maßregelvollzug haben in ihrer Sozialisation vielfach Beziehungsabbrüche, Zurückweisungen oder dysfunktionale Beziehungsmuster erlebt, vielfach wurde dies als »normal« betrachtet und eine verlässliche Beziehungsgestaltung nie erlernt.
Betroffene im Maßregelvollzug weisen zudem nicht nur eine psychische Störung als stigmatisierte Eigenschaft auf, die Beziehungen beeinflusst, zusätzlich haben sie eine Straftat begangen aufgrund dieser psychischen Störung. Vor diesem Hintergrund, aber auch unter Berücksichtigung der oft mehrjährigen Verweildauer im Maßregelvollzug und dessen Aufgabe und Zielsetzung kommt der Beziehungsgestaltung zwischen den Mitarbeitenden und den Untergebrachten eine große Bedeutung zu.
Einige Aspekte der folgenden Kapitel sind hilfreich, um die Beziehungsgestaltung zu spiegeln, wenngleich ihnen keine Allgemeingültigkeit zugesprochen werden kann vor dem Hintergrund der Vielfältigkeit und -schichtigkeit der einzelnen Beziehung.

Empathie, Akzeptanz und Authentizität

Bereits in den Vierzigerjahren des vergangenen Jahrhunderts wurde die klientenzentrierte Gesprächsführung entwickelt (siehe ROGERS 1983). Rogers führte aus, dass eine Reihe von Elementen ein förderliches Klima innerhalb einer professionellen Beziehung schaffen.

Zunächst gehört zu einer professionellen Beziehungsgestaltung die *Kongruenz*, also eine Übereinstimmung »mit sich selbst«, echt zu sein und sich nicht zu verstellen, sich dem Untergebrachten als Person gegenüberzustellen. Voraussetzung hierfür ist, dass der professionell Tätige eigene Gefühle wahrnehmen kann und sie reflektiert auszudrücken in der Lage ist, was natürlich nicht meint, ungefiltert eigene Sorgen, Befindlichkeiten und Meinungen mit dem Untergebrachten zu teilen – der Professionelle darf sich nicht in den Fokus rücken. Negative Gefühle oder Eindrücke sollen zum Ausdruck gebracht werden, jedoch explizit als persönliche Wahrnehmung in Form einer Ich-Botschaft und verknüpft mit einer eigenen Reaktion.
Empathie als Fähigkeit, den Betroffenen zu verstehen, seine Gefühle, sein Handeln und Erleben nachvollziehen zu können, ist ebenfalls unerlässlich. Diese Form des einfühlenden Verstehens bedeutet zunächst keine Wertung oder Beurteilung. Sie heißt aber auch nicht, dass der Professionelle beispielsweise die Haltung, die Einstellungen und das Handeln des Betroffenen gutheißen muss. Vielmehr geht es darum, zunächst möglichst wertfrei dem Untergebrachten in seiner Gesamtheit gegenüberzutreten. Einzelne Aspekte und Handlungen dürfen durch den Professionellen durchaus kritisch beurteilt und hinterfragt werden, jedoch stets aus dessen persönlicher Sichtweise, nicht pauschal.
Dies führt zur *Wertschätzung* als Ausdruck der positiven Zuwendung. Es erfordert von Professionellen, dem Untergebrachten positiv zu begegnen und ihn als Persönlichkeit mit Ressourcen zu betrachten. Die positive Wertschätzung geht auch über negative Gefühle und Handlungen hinaus, vielmehr ist sie eine Grundhaltung, die auch dann zum Tragen kommt, wenn einem Betroffenen aus professioneller Sicht gespiegelt wird, dass sein Verhalten nicht tolerierbar ist. Die Rückmeldung erfolgt aber gezielt auf ein Verhalten, nicht auf den Betroffenen in seiner Gesamtheit. Dies bedeutet auch, dass beispielsweise ein Rechtsbruch wie Raub, Körperverletzung oder

Einbruch als nicht tolerierbar vermittelt wird. Eine solche Tat wird jedoch als ein Aspekt des Untergebrachten betrachtet vor dem Hintergrund seiner gesamten Persönlichkeit, der grundsätzlich wertschätzend begegnet wird. Es findet keine grundlegende Reduktion beispielsweise auf »die Tat« statt.

Bedingungsfreie *Akzeptanz* des anderen und eine positive Wertschätzung, die an keine Bedingungen geknüpft ist, gehören ebenfalls zur Professionalität. Gefühle und Handlungen des Untergebrachten werden akzeptiert oder toleriert, auch wenn diese negativ oder unerwünscht sind/waren oder nicht mit den Erwartungen und Zielen der Mitarbeitenden übereinstimmen. Akzeptanz bedeutet nicht, dass Gefühle oder Handlungen immer positiv bewertet werden (müssen). Bedingungsfreie Akzeptanz bedeutet zum Beispiel, wenn ein Untergebrachter einen Rückfall zum Drogenkonsum hatte, zu sagen: »Sie haben einen Rückfall gehabt und Sie kennen bereits die Folgen, die dies haben wird. Die müssen Sie und wir jetzt so akzeptieren. Haben Sie eine Vorstellung davon, wie es weitergehen soll?«

Auf diese Weise beinhalten Toleranz und Akzeptanz den Appell an die Eigenverantwortung des Betroffenen.

Notwendig ist die Orientierung an der *Wahrnehmungswelt* des Untergebrachten als Grundlage dafür, ihn aus seiner Sicht heraus wertschätzen und akzeptieren zu können. Eigenschaften wie Anteilnahme, bedingungslose Akzeptanz seiner Person, Zuwendung oder Einfühlungsvermögen können, insbesondere von Untergebrachten im Maßregelvollzug mit ihren Defiziten in der Beziehungsgestaltung, negativ aufgefasst werden, zum Beispiel als bedrohliche Nähe, Gleichgültigkeit oder mangelnde Anteilnahme. Daher ist es wichtig, die Wahrnehmungswelt des Untergebrachten zu (er-)kennen, etwa das, was er als wertschätzend und akzeptierend erlebt, um ihm entsprechend begegnen zu können und gegebenenfalls an diesen Elementen der Beziehungsgestaltung arbeiten zu können, wenn seine Wahrnehmung realitätsfremd ist.

Neben den Grundsätzen der professionellen zwischenmenschlichen Beziehungsgestaltung nach Carl Rogers gibt es weitere spezifische Elemente, die wesentlich sind für die professionelle Beziehungsgestaltung im Maßregelvollzug.

Nähe / Distanz

Das ist zunächst die *professionelle Nähe*. Durch die oftmals intensive und über Monate und Jahre andauernde Arbeit mit den Untergebrachten entwickelt sich eine Nähe zwischen beiden Seiten. Dies ist insbesondere bei den Mitarbeitenden des Pflegedienstes der Fall, da diese die Betroffenen rund um die Uhr und in allen (Alltags-)Situationen erleben. Diese Nähe gilt es, professionell zu gestalten. Nähe kann, insbesondere vor dem Hintergrund der Eigenschaften der Untergebrachten, Angst auslösen und als belastend erlebt werden. Eine solche Reaktion wiederum kann dazu führen, dass als Schutzreaktion eine zu große Distanz zum Untergebrachten eingenommen wird, die die Beziehungsgestaltung negativ beeinflusst.

Umgekehrt kann es vorkommen, dass Betroffene in ihrer Biografie selbst unverschuldet viele negative Erfahrungen gemacht und Rückschläge erlebt haben, sodass sie beim Mitarbeitenden Mitgefühl oder Beschützergefühle hervorrufen, die die Beziehungsgestaltung in eine zu große Nähe münden lassen können. Dies kann – schlimmstenfalls – dazu führen, dass die Wahrnehmung des Betroffenen und damit verbunden seine Einschätzung, insbesondere der Gefährlichkeit, zu positiv und einseitig ausfällt. Hieraus können wiederum Gefahren resultieren, die unter Umständen dazu führen, dass der Betroffene den Mitarbeitenden für seine Belange ausnutzt. Auch im Team kann eine zu große und unprofessionell gestaltete Nähe zu den Untergebrachten negative Auswirkungen haben und zu Konflikten und Spaltung führen.

Es gilt also, die Nähe zum Untergebrachten so zu gestalten, dass seine negativen Reaktionen nicht als persönliche Zurückweisung interpretiert werden und seine Situation so neutral wie möglich betrachtet werden kann. Umgekehrt heißt das auch, positive Reaktionen, das Bedürfnis eines Untergebrachten nach Nähe und auch Hilfeangebote so zu gestalten, dass sie fachlich fundiert zu begründen sind und einer objektiven Überprüfung, zum Beispiel durch Außenstehende, standhalten.

Bei der konkreten Ausgestaltung professioneller Nähe und Distanz ist es in der Praxis oft hilfreich, mit Kollegen oder im Team Rücksprache zu halten oder Situationen zu reflektieren oder sich eine weitere fachliche Meinung einzuholen. Allerdings darf Distanz nicht im Sinne eines Vermeidungsverhaltens gestaltet werden!

MERKE → **Die Gestaltung einer professionellen Nähe und Distanz zu den Betroffenen ist eine Herausforderung für alle Mitarbeitenden, die ein hohes Maß an Kompetenz erfordert. Die Reflexion im Team kann hilfreich und unterstützend sein, um professionelle Nähe und Distanz zu den Betroffenen zu entwickeln.**

Zudem ist *Kontinuität* in der Beziehungsgestaltung ein wichtiges professionelles Kriterium. Viele Untergebrachte haben in ihrer Biografie häufige Beziehungsabbrüche, wechselnde Bezugspersonen und dysfunktionale Beziehungsmuster erlebt. Zudem haben psychisch erkrankte Menschen größere Schwierigkeiten als Gesunde, sich auf wechselnde Bezugspersonen einzulassen.

Persönliche subjektive Werte sollten professionell im Maßregelvollzug Tätige reflektieren können. Sich der eigenen Wertvorstellungen und Normen bewusst sein und Kenntnis über die des Untergebrachten haben, um Verständnis für ihn entwickeln zu können, sind wichtige Elemente in der täglichen Arbeit. Das Infragestellen persönlicher Wertvorstellungen führt häufig zu Akzeptanzproblemen beim Gegenüber. Daher ist eine tolerante Grundhaltung (selbstverständlich innerhalb der Grenzen geltenden Rechts, des Anstands und der guten Sitten), die auch Abweichungen von den eigenen Vorstellungen akzeptiert, wichtig bei der professionellen Beziehungsgestaltung.

Zu berücksichtigen ist auch, dass Werte und Vorstellungen jedes Einzelnen *kulturgebunden* sind. Bei der Beziehungsgestaltung zu Betroffenen aus anderen Kulturen oder Subkulturen als der eigenen, wie es für viele Untergebrachte gilt, ist es wichtig, sich seiner eigenen kulturellen Prägung bewusst zu sein und diese zu reflektieren.
Auch psychiatrische Krankheitskonzepte, beispielsweise das der »Schizophrenie«, sind kulturgebunden. Außerdem können Rechtsverständnis und Definitionen von Straftaten und Rechtsbrüchen in Abhängigkeit zur Herkunfts(sub)kultur des Untergebrachten stehen. Wissen über andere Kulturen und Subkulturen ist daher unerlässlich. Allerdings müssen Mitarbeitende auch darauf achten, dieses Wissen nicht zu stereotypisieren.

Kontrollüberzeugung

Das Erleben von Machtlosigkeit ist die Wahrnehmung, dass das eigene Handeln (Verstehen und/oder Entscheidung) keinen Einfluss hat auf die unmittelbare oder zukünftige Situation, auf aktuelles oder kommendes Geschehen. Diese Wahrnehmung kann schwerwiegende Auswirkungen auf den Betroffenen haben; sie kann ebenso ursächlich für Gleichgültigkeit oder Hoffnungslosigkeit sein (Perspektiv-/Ausweglosigkeit) wie für antisoziales, regelverletzendes Verhalten. In der Praxis liegt der Aggression und Gewalt (gegen sich selbst oder gegen andere) oft das Gefühl der Machtlosigkeit zugrunde.
Erlebte Machtlosigkeit wirkt sich unmittelbar auf das Alltagsverhalten und die Einstellung des Betroffenen gegenüber seiner Unterbringung und dem Behandlerteam aus. Gleichgültigkeit oder Abwertung von Aktivitäten, die der Betroffene eigentlich gerne ausübt, oder auflehnendes Verhalten wegen scheinbarer Nichtigkeiten können Anzeichen erlebter Machtlosigkeit sein; oft spielt die Dauer der Unterbringung oder eine fehlende Entlassperspektive eine Rolle.
Macht und Kontrolle als Erleben, dass eine Situation beherrscht wird, und die Erwartung, dass die Dinge so verlaufen werden, wie

der Betroffene es selbst erwartet, sind wichtige Aspekte seelischer Gesundheit, die im Rahmen der Unterbringung wesentlich beeinträchtigt werden.

Situationsbedingt auftretende Machtlosigkeit ist eine normale und vorübergehende Erfahrung. Anhaltende Machtlosigkeit hingegen beschreibt ein generalisiertes und alle Lebensbereiche umfassendes Erleben. Die im Maßregelvollzug Untergebrachten haben sehr häufig entsprechende Lebenserfahrungen gemacht und haben im Vollzug wiederum eine entsprechende (entmachtete) Alltagsstruktur.

Die Aufgabe der psychiatrisch Tätigen liegt in diesem Zusammenhang darin, Betroffenen durch fördernde, ermutigende und unterstützende Maßnahmen die Erfahrung zu ermöglichen, dass sie in bestimmten Bereichen durchaus etwas erreichen können und ihrem Schicksal nicht hilflos ausgeliefert sind. Besonders für die Zeit nach der Entlassung brauchen sie die Überzeugung, ihr Leben aktiv in die Hände nehmen und positiv gestalten zu können. Dies kann durch spezifische Konzepte wie Recovery oder Empowerment realisiert werden (Knuf 2016). ↗ Recovery, Seiten 79 ff., 93, 121 f.

Setting und Milieu spielen im Zusammenhang mit Hoffnung und Zuversicht ebenfalls eine wichtige Rolle. Auch durch scheinbar kleine, alltägliche Interventionen kann ein persönliches Machtgefühl zumindest über Teilbereiche vermittelt werden.

Beispiele hierfür sind:

- Wahrung der Privatsphäre, soweit möglich unter den gegebenen Rahmenbedingungen;
- Hinterfragen von Regeln und Einschränkungen sowie Umsetzung möglicher Reduktionen;
- Möglichkeiten für Erfolgserlebnisse im Alltag schaffen, zum Beispiel bei sportlichen Aktivitäten, Gemeinschaftsaktionen oder Fortschritten bei Alltags- oder Sozialkompetenzen;
- Motivation des Untergebrachten mittels Aktivitäten, Hilfe dabei, Wünsche und Ziele zu formulieren, die er als sinnvoll und er-

strebenswert erachtet, sowie Unterstützung und Motivation zur Definition von realistischen Nahzielen;

- bei der Gestaltung des Milieus den Untergebrachten Entscheidungsfreiräume einräumen;
- Transparenz herstellen, Entscheidungen des Behandlungsteams erklären und den Untergebrachten die nötigen Informationen zukommen lassen, zum Beispiel über die Unterbringung, über Möglichkeiten der eigenen Gestaltung (schulische, berufliche Entwicklung) und über Perspektiven nach der Zeit im Maßregelvollzug.

Diese Interventionen können trotz der oft engen Sicherheitsrichtlinien und Regelwerke sowie der gegebenen institutionellen Bedingungen umgesetzt werden. Hierbei spielen die persönliche Haltung der Mitarbeitenden und ihre fachlichen Kompetenzen eine wichtige Rolle.

Willkür

Zum Thema »Machtlosigkeit« muss im Kontext des Maßregelvollzugs auch die Macht der Mitarbeitenden verdeutlicht werden. Selbst wenn es klare Regelungen und definierte Rechte sowie Beschwerdemöglichkeiten für die Untergebrachten gibt, die Machtmissbrauch und Willkür durch Mitarbeitende verhindern sollen, ist dies regelmäßig ein problematisches Thema. Insbesondere weil das Ausüben von Macht oft durch die subjektive Wahrnehmung der Beteiligten geprägt und erlebt wird. Ein Alltagsbeispiel ist die Gewährleistung des Ausgangs. Wenn die Mitarbeitenden des Pflegedienstes beispielsweise an einem Sonntagnachmittag den aus fachlicher Sicht begründeten Eindruck haben, dass der psychische Zustand des Untergebrachten einen Einzelausgang außerhalb des gesicherten Klinikgeländes nicht erlaubt und er somit für diesen Nachmittag nicht gewährt wird, stattdessen alternativ ein begleiteter Ausgang im gesicherten Gelände angeboten wird, kann dies durch den Betroffenen als Willkür erlebt werden.

Zur Vermeidung des Eindrucks der Willkür und des Machtmissbrauchs gilt es daher, insbesondere Entscheidungen, die aus der subjektiven Wahrnehmung des Betroffenen negative Auswirkungen haben und als willkürlich erscheinen, fachlich zu begründen und allen Beteiligten transparent und verständlich darstellen zu können.

MERKE → **Mitarbeiterentscheidungen, die dem Untergebrachten Erleichterungen verweigern, sollten auf ihre Willkürlichkeit hin überprüft werden.**

Mitarbeitende im Maßregelvollzug sollten ihre Entscheidungen und ihr Handeln auch vor diesem Hintergrund immer wieder reflektieren und mit Kollegen thematisieren, beispielsweise in Supervisionen oder Teamgesprächen. Auch erklärende Gespräche mit dem Betroffenen sind oft hilfreich.

Selbstbestimmung

Selbstbestimmung bedeutet, nach freiem Willen über sein Leben entscheiden zu können. Sie kann auch mit Autonomie oder Entscheidungsfreiheit bezeichnet werden. Selbstbestimmung bildet die Grundlage für die persönliche Selbstverantwortung.

Im Maßregelvollzug erleben Untergebrachte natürlich häufig – sowohl objektiv als auch subjektiv – viele, teils schwerwiegende Einschränkungen ihrer Selbstbestimmung. Beeinflusst und verursacht werden viele dieser Einschnitte durch die Eigenschaften des Maßregelvollzugs als totaler Institution. Schlimmstenfalls kann durch die eingeschränkte Autonomie Machtlosigkeit mit den im vorangegangenen Kapitel beschriebenen Auswirkungen und den institutionellen Effekten entstehen.

Forensisch-psychiatrisch Tätige sollten sich das Phänomen der eingeschränkten Selbstbestimmung immer wieder ins Bewusstsein rücken, sich dessen bewusst sein. Sicher sind viele Einschränkungen der Autonomie nicht durch die Mitarbeitenden der Behandlungseinheiten änderbar, die Handlungsspielräume sind begrenzt. In der Praxis zeigt

sich jedoch, dass in vielen Fällen oftmals Aufklärung und Information des Untergebrachten hilfreich und die Einschränkungen zumindest nachvollziehbar und in gewisser Weise akzeptabel sind.
Im Maßregelvollzug Tätige können durch Interventionen den Untergebrachten situationsabhängig das Gefühl der Entscheidungsfreiheit geben. Dies verlangt von den Mitarbeitenden, das eigene Handeln immer wieder zu hinterfragen, Alternativen zu erarbeiten und dem Untergebrachten Entscheidungsfreiräume zuzugestehen bzw. mit ihm die Bedingungen zu erarbeiten, die institutionell mehr Freiräume ermöglichen würden. Wie bei der Vermeidung und Reduktion von Machtlosigkeit spielt auch bei der Selbstbestimmung die persönliche Haltung des Mitarbeitenden eine tragende Rolle.

Hoffnung und Hoffnungslosigkeit

Das Phänomen der Hoffnungslosigkeit ist üblicherweise gekennzeichnet durch das subjektive Erleben von ausweglosen, nicht zu lösenden Problemsituationen sowie durch die Unfähigkeit, ein wohltuendes Leben zu führen. Die oft mehrjährige Unterbringung im Maßregelvollzug birgt für die Untergebrachten die Gefahr, dass sich ein Gefühl der Hoffnungslosigkeit bei ihnen entwickelt. Beeinflusst wird dies mitunter durch ein lang andauerndes, biografisch schon vorher bestehendes subjektives Erleben von Machtlosigkeit. Viele Betroffene empfinden ihre Situation als eine, in die sie »hineingeschlittert« sind.
Bezogen auf die Unterbringung im Maßregelvollzug ist erlebte Hoffnungslosigkeit ein Risikofaktor für:

- Lebensüberdrussgedanken, bis hin zu Suizidgedanken/-handlungsabsichten,
- die Gefahr von fremdaggressivem Verhalten, bis hin zur Tätlichkeit.

Die Vermeidung von Hoffnungslosigkeit bzw. das Wiedererlangen von Hoffnung sind daher wichtige Behandlungsaufträge.

Verwirklicht werden können diese unter anderem durch folgende Methoden und Instrumente:

- ehrliche, kongruente und konstante Beziehungsgestaltung,
- auf Authentizität basierende Kommunikation,
- Gewährleistung von Beziehungskontinuität durch Bezugspflegesysteme (»primary nursing«),
- Einbezug des Betroffenen in die Behandlungsplanung,
- situationsgerechte Vermittlung von Informationen an die Betroffenen,
- Beteiligung der Betroffenen an der Planung und Durchführung von Alltagsaktivitäten, der Milieugestaltung und der Schaffung von Wahlmöglichkeiten durch individuelle Therapie- oder Wochenpläne,
- Reduzierung von (institutionellen) Regeln und Beschränkungen auf ein Mindestmaß (dies impliziert eine regelmäßige Reflexion und Anpassung des Regelwerks),
- Vermeidung von Regeln, die lediglich im Rahmen einer Kontrollillusion der Behandelnden getroffen wurden (es kann nicht alles kontrolliert und reglementiert werden!),
- Förderung der Übernahme von Verantwortung durch die Betroffenen.

Dies sind nur einige Beispiele für Interventionen, die hoffnungsfördernd wirken können.

ABBILDUNG 3 Das Ampel-Modell

Eine Möglichkeit, Regeln hinsichtlich ihrer Sinnhaftigkeit zu überprüfen, ist das Null-Toleranz / Ampel-Model	
Rot	Diese Regeln sind zwingend vorgegeben und einzuhalten. Hierbei handelt es sich um gesetzliche Vorgaben oder Verordnungen und Richtlinien, die durch entsprechende Behörden erlassen wurden. Grundsätzlich kann gesagt werden, dass das, was im Gesetz steht, auch feststeht. So ist etwa Diebstahl verboten und kann auch nicht in einer Maßregelvollzugseinrichtung geduldet werden.
Gelb	Diese Regeln sind im Einzelfall hinsichtlich ihrer Anwendung zu überprüfen, sie bieten Raum für individuelle Handhabung. Es können Stationsregeln sein, die je nach Einzelfall und Abhängig vom Setting strenger oder weniger streng ausgelegt werden. So gilt es beispielsweise zu überprüfen, ob festgelegte Zeiten für Küchennutzung, Fernsehen in Gemeinschaftsräumen oder Gartennutzung in begründeten Fällen aufgehoben werden können.
Grün	»Grüne« Regeln sind entbehrlich. Dies sind solche Regeln, bei denen die Frage »Warum machen wir das eigentlich?« nicht begründet beantwortet werden kann. Floskeln wie: »Weil es schon immer so gemacht wurde«, deuten auf eine grüne Regel hin. Der Übergang von gelben zu grünen Regeln kann bisweilen fließend sein. So können auf einer Aufnahmestation beispielsweise feste Zeiten für die Küchennutzung sinnvoll sein und individuell für bestimmte Betroffene Ausnahmen hiervon gemacht werden. In anderen Settings kann dagegen die Frage nach dem Sinn fester Küchennutzungszeiten nur negativ beantwortet werden, sodass es diese Regel grundsätzlich zu hinterfragen und aufzuheben gilt.

MERKE → **Im Spannungsfeld des Maßregelvollzugs mit seinen spezifischen Eigenschaften (auch der Betroffenen) stellt die Vermeidung von (subjektiven) Gefühlen der Macht- und Hoffnungslosigkeit eine Kernaufgabe der dort Tätigen dar, um den Untergebrachten Perspektiven zu ermöglichen.**

Recoveryorientierte Konzepte

Unter »Recovery« wird eine Behandlungsphilosophie verstanden, der eine bejahende, wohlwollende und auf die Stärken des Untergebrachten abzielende Haltung der Behandelnden zugrunde liegt. Das subjektive Erleben und die individuelle Bewältigung der Erkrankung und der Unterbringungssituation, der Umgang mit der Erkrankung, ihren subjektiv wahrgenommenen Symptomen und deren Integration in den Alltag stehen im Vordergrund. Die rein medizinische Betrachtungsweise von »Krankheit«, »Genesung« und »Gesundheit«, die auf Symptome und deren Reduktion fokussiert ist, steht im Hintergrund.

Recovery bedeutet, dass, anders als es von Fachleuten oftmals betrachtet und benannt wird, eine Genesung von der Erkrankung möglich ist – die aber nicht mit dem klinischen Verständnis von Genesung = Symptomfreiheit gleichzusetzen ist. Recovery will die Position der Psychiatrie-Erfahrenen stärken – und somit auch derer in der forensischen Psychiatrie. Das Konzept fordert den Einbezug Betroffener auf allen Ebenen: in den psychiatrischen Einrichtungen aller Fachbereiche, in der Lehre, der Forschung und der Politik. Der Genesungsaspekt geht hierbei nicht von den formalisierten, statischen, symptomorientierten bzw. klinisch geprägten Gesundungskriterien aus, wie einer kompletten Remission der Symptome, einer Rückkehr zur Normalität, einer Tätigkeit zumindest in Teilzeitanstellung oder einem Studium. Besonders deutlich wird der statisch-formalistische Gedanke des *klinischen* Recoveryansatzes bei der Angabe, dass dies alles über einen Zeitraum von mindestens zwei Jahren aufrechterhalten sein muss (LIBERMANN & KOPELOWICS 2005) sowie von einer personenzentrierten Perspektive. Nach William A. ANTHONY (1993) ist Recovery ein »zutiefst persönlicher, einzigartiger Veränderungsprozess der Haltung, Werte, Gefühle, Ziele, Fertigkeiten und Rollen. Es ist ein Weg, um ein befriedigendes, hoffnungsvolles und konstruktives Leben, trotz der durch die psychische Krankheit verursachten Einschränkungen, zu leben. Recovery beinhaltet die Entwicklung eines neuen Sinns und einer neuen Aufgabe im Leben, während man gleichzeitig über die katastrophalen Auswirkungen von psychischer Krankheit hinauswächst« (ebd., S. 13).

Recovery steht also für Selbstbestimmung, Hoffnung und Teilhabe.

Zu Beginn der Neunzigerjahre wurde das Recoverykonzept im englischsprachigen Raum wesentlich durch die Betroffenenbewegung geprägt. Seit einigen Jahren rückt das Konzept auch in der deutschsprachigen Psychiatrie zunehmend in den Fokus (AMERING & SCHMOLKE 2012).

Die deutsche Recoverybewegung bildet inzwischen an vielen Standorten Experten aus Erfahrung aus, auch als »Genesungsbegleiter« bezeichnet (UTSCHAKOWSKI u. a. 2016). Die Begleitung und Beratung von Psychiatrie-erfahrenen Menschen durch Psychiatrie-erfahrene Menschen (Peerberatung) ist ein wichtiger Teil des Recoverykonzepts. Ziel ist die (in einem sozialversicherungspflichtigen Arbeits- oder entsprechenden Honorarvertragsverhältnis geregelte) Mitarbeit der Genesungsbegleiter in den psychiatrischen Einrichtungen, zu denen auch der Maßregelvollzug gehört. Auch aus diesem Fachbereich haben erste Betroffene die Ausbildung zum Genesungsbegleiter absolviert und sind entsprechend tätig.

Die Peerberatung durch Experten aus Erfahrung findet im deutschsprachigen Raum nach und nach Einzug in den Maßregelvollzug; wenn auch zögerlich, so ist dies doch ein völlig neues Konzept, das einen Paradigmenwechsel anzeigt. Das Motto des Recoverykonzepts »Recovery pathologisiert nicht, Recovery normalisiert« passt gut in den Maßregelvollzug. Wenngleich auf keinen Fall die Gefährlichkeit der Untergebrachten im Maßregelvollzug in den Hintergrund gestellt werden sollte, bietet Recovery einen Ansatz, den Betroffenen (auch bei vorliegender, teils massiver und im Einzelfall nur schwer zu reduzierender Gefährlichkeit) Hoffnung und Möglichkeiten zur individuellen Bewältigung anzubieten. ↗ **Experienced Involvement, Seiten 92 ff.**

Im Folgenden werden Handlungsansätze und Konzepte dargestellt, die im Rahmen einer recoveryorientierten Behandlung im Maßregelvollzug angewandt werden können.

Medikamentenstelltraining

Medikamente sind in der psychiatrischen Behandlung immer noch eine der bedeutendsten Behandlungsoptionen. Üblicherweise werden Medikamente im Maßregelvollzug von den Behandelnden (Medizinern) nicht nur verordnet, sondern auch bereitgestellt und ausgegeben (von den Pflegenden). Durch diese Zuweisung wird dem Untergebrachten die Möglichkeit eines eigenverantwortlichen Umgangs mit seiner Medikation genommen.

Ein Realitätsbezug, der sich mit den »normalen« Umständen und unter denen üblicherweise Medikamente eingenommen werden (mit Ausnahme im Krankenhaus oder bei Pflegebedürftigkeit) ist im Maßregelvollzug in keiner Weise gegeben: Dem Betroffenen wird jede Verantwortung und Zuständigkeit abgenommen, die Medikamente werden für ihn bestellt, besorgt, finanziert, gerichtet und kontrolliert; vergisst er die Einnahme, wird er oftmals noch daran erinnert. Zurückzuführen ist diese Vorgehensweise auf das (gängige) medizinische Verständnis, dem zufolge die Behandelnden als Experten und die Betroffenen als Empfänger einer Dienstleistung verstanden werden; im konkreten Fall des Maßregelvollzugs ist damit verbunden, dass den Betroffenen nicht oder nur bedingt zu trauen sei, beispielsweise in der Frage, ob Medikamente zuverlässig eingenommen werden (können). Insbesondere vor dem Hintergrund, dass die Einnahme der ärztlich verordneten Medikation und ein Verständnis für die Bedeutung im Rahmen der Behandlung und Gefährlichkeitsreduktion von den zuständigen Gerichten regelmäßig als Grundlage für weitere Lockerungen angesehen wird, ist die Übernahme der Verantwortung für die Medikamenteneinnahme, Bereitstellung etc. nicht oder nur bedingt zu verantworten.

Bewusstes und strukturiertes Medikamentenstelltraining kann helfen, dass dem Betroffenen ein Mindestmaß an Eigenverantwortung übertragen wird und er dazu befähigt wird, gut über die ihm verordnete Medikation informiert zu sein. Dies kann im Verlauf dazu

beitragen, dass der Klient informiert mit den Behandlern über dieses Thema sprechen kann, eigene Vorstellungen einbringen kann. Für die Behandelnden bedeutet dies, dass mit dem Betroffenen der Zusammenhang zwischen Medikamenteneinnahme und Lockerungen, Gefährlichkeitsreduktion, Therapieerfolgen fachlich fundierter diskutiert werden kann.
Diese Art des gezielten Medikamentenstelltrainings dient dazu,

- den Betroffenen individuell über die Medikamente zu informieren,
- Wissen über Zusammenhänge zwischen Medikamenten, Erkrankung und Alltag zu überprüfen, zu erweitern und zu festigen, sowie
- zu einem selbstständigen und (selbst-)sicheren Umgang mit den Medikamenten zu befähigen.

In der Praxis hat sich ein mehrphasiges Training bewährt. In allen Phasen steht dem Betroffenen eine fachkundige Person (Mediziner, Pflegefachkräfte) zur Verfügung, die ihm entsprechende Hilfestellung und Beratung anbietet.
In der ersten Phase, der Informations- oder Beratungsphase, werden dem Untergebrachten:

- die verordneten Medikamente vorgestellt,
- Informationen zu erwünschten und unerwünschten Wirkungen gegeben,
- Vorschriften (Teilbarkeit von Tabletten, Zeitpunkt der Einnahme, Besonderheiten bei der Lagerung etc.) und damit verbundene mögliche Auswirkungen auf den Alltag erklärt.

Die Arznei wird durch den Betroffenen in Begleitung eines Mitarbeitenden gerichtet, in der Regel ist das eine Pflegefachkraft.
In einem nächsten Schritt wird das Wissen überprüft, nötigenfalls oder auf Wunsch des Betroffenen werden weitere Informationen gegeben. Der Betroffene beginnt in dieser Phase damit, die Medikation selbstständig zu richten und einzunehmen.

In der letzten Phase kann der Untergebrachte, falls es die Sicherheitsregelungen der Einrichtung zulassen, seine Medikation, zum Beispiel im Wochendosett, zur Eigenverwahrung und Eigenverwaltung mit auf sein Zimmer nehmen.
Das Einnahmeverhalten kann durch Maßnahmen wie die regelmäßige Kontrolle des Medikamentenspiegels überprüft werden. Art und Weise dieser Maßnahmen sollten gemeinsam mit dem Betroffenen besprochen und vereinbart werden.
Auch wenn die Einnahme der Medikation, insbesondere von Psychopharmaka, bei bestimmten Krankheitsbildern sicherlich die Gefährdung reduziert, muss betont werden, dass dies nur ein Therapiebaustein von vielen im Maßregelvollzug ist.

Adherencetherapie

Forschungsergebnisse zum Einnahmeverhalten und zum Befolgen von Therapieempfehlungen zeigen, dass das Nichtbefolgen kein originäres Problem der Psychiatrie darstellt, sondern in vielen Bereichen des Gesundheitswesens vorherrscht. Die Gründe für die Nichteinhaltung sind vielfältig und vielschichtig. Es konnte bis heute noch nicht abschließend geklärt werden, welche Faktoren genau Einfluss nehmen.
Die Adherencetherapie (englisch = festhalten, befolgen) nimmt das Nichtbefolgen von Therapievorschlägen als normale menschliche Reaktion als Ausgangspunkt: Durch diese verhaltenstherapeutisch orientierte Intervention sollen Betroffene dazu befähigt werden, sich begründet, fundiert und bewusst für oder gegen die Einhaltung von Therapievorschlägen zu entscheiden. Der Begründer der Adherencetherapie, Richard Gray, definiert sechs Faktoren, die das Therapieverhalten jedes Einzelnen beeinflussen:

- die Krankheitsfaktoren selbst, etwa Wissensdefizite über die Krankheit und deren Behandlung (zum Beispiel, dass ein Antibiotikum vollständig eingenommen werden muss, auch wenn die Symptome bereits abgeklungen sind),

- die Behandlung, zum Beispiel in Form ungewollter Nebenwirkungen,
- die verschreibende Person oder das Behandlungsteam (wie wird mit dem Betroffenen zusammengearbeitet, wird er in die Entscheidungsfindung einbezogen oder geht man über seine Wünsche und Bedenken hinweg?),
- der Betroffene, zum Beispiel durch seine Einstellung zur Behandlung (»Kommt von selbst, geht von selbst«-Haltung) oder dadurch, dass er die Einnahme vergisst,
- das persönliche Umfeld, etwa durch Druck, der von Bezugspersonen auf den Betroffenen ausgeübt wird, die eine schnelle Genesung wünschen oder denen es unangenehm ist, einen Betroffenen in ihrem Umfeld zu wissen.
- kulturelle Aspekte, wenn der Betroffene beispielsweise einer anderen als der westlichen Medizin mehr vertraut (Gray u.a. 2010).

Bislang wurde das Nichtbefolgen der Therapieempfehlungen als »Non-Compliance« und das Einhalten der Empfehlungen als »Compliance« bezeichnet. Unter dem Begriff der Compliance versteht man ein kooperatives Verhalten des Betroffenen, oder anders ausgedrückt: »Der Betroffene macht das, was der Arzt oder der Behandler (Therapeuten, Pflegende) ihm sagt.« Hierdurch liegt die Verantwortung für die Einhaltung oder Nichteinhaltung von Therapieempfehlungen wie auch die Medikamenteneinnahme ausschließlich beim Betroffenen. Demgegenüber bezeichnet der englische Begriff »Adherence« (deutsch: Adhärenz) einen Prozess der gemeinsamen Entscheidungsfindung, bei dem die Meinung des Betroffenen aktiv mit einbezogen und berücksichtigt und die Verantwortung für den Erfolg oder Nichterfolg einer Therapie nicht mehr einseitig beim Betroffenen gesehen wird.

Das primäre Ziel der Adherencetherapie ist, den Betroffenen dazu zu befähigen, sich aus eigener, fundierter Überlegung heraus für oder gegen einen Therapievorschlag und/oder die Einnahme von

Medikamenten zu entscheiden. Adherence wird definiert als das Ausmaß, in dem das Verhalten eines Betroffenen (zum Beispiel im Hinblick auf die Einnahme von Medikamenten, die Einhaltung einer Diät oder von Terminen) mit den Vorgaben der Behandelnden übereinstimmt. Dabei beschreibt der Begriff zunächst wertfrei einen Zustand und berücksichtigt die komplexen Einflussfaktoren, die im Rahmen adhärenten Verhaltens eine Rolle spielen.

Es handelt sich bei der Adherencetherapie um eine strukturierte therapeutische Einzelintervention, die von Mitarbeitenden aller Berufsgruppen angewandt werden kann, in der Praxis im deutschsprachigen Raum jedoch vorrangig durch die Pflegenden angeboten wird.

Der Adherencetherapeut bietet dem Betroffenen Unterstützung und Begleitung bei einer möglichst effektiven und selbstbestimmten Gestaltung der (medikamentösen) Therapie. Damit einher geht das Angebot der Förderung des Wohlbefindens und des persönlichen Krankheitsmanagements. Durch diesen Prozess erfährt der Untergebrachte eine Selbstbefähigung und damit verbunden eine Selbstwirksamkeitsüberzeugung, da er aktiv in den Planungs- und Behandlungsprozess einbezogen wird, was wiederum dem Erhalt von Hoffnung zuträglich ist.

Für professionell Tätige, die die Adherencetherapie anbieten bzw. in deren Setting diese angeboten wird, bedeutet dies vielfach ein Umdenken: Der Prozess ist grundsätzlich ergebnisoffen. Betroffene können sich selbstverständlich auch gegen Therapieempfehlungen entscheiden oder eigene Vorschläge und Vorstellungen einbringen, die günstigenfalls durch die Behandelnden akzeptiert werden und im Rahmen des gemeinsamen Aushandelns zu einem Kompromiss führen. Die Adherencetherapie soll die Betroffenen dazu befähigen, eigenverantwortlich zu entscheiden und gemeinsam mit den Behandlern festzulegen, was als sinnvoll und zielführend erscheint.

Die Adherencetherapie ist in modularen Einzelsitzungen wie dem

»Assessment« und dem »Blick zurück« aufgebaut. Unter Zuhilfenahme von Arbeitsmaterialien und strukturierten Assessments werden die einzelnen Module durch den Betroffenen mit Beratung und Unterstützung des Therapeuten bearbeitet. Als Adherencetherapeut dürfen nur Fachpersonen tätig werden, die über eine entsprechende Qualifizierung verfügen. Durch den Dachverband Adherence (siehe: www.dv-adherence.de) wurden eigens hierzu entsprechende Schulungsmanuale erstellt und aus dem Englischen übersetzt. Die Ausbildung zum Therapeuten erfolgt durch vom Dachverband akkreditierte Trainerinnen und Trainer.
Die Adherencetherapie ist im Fachbereich der forensischen Psychiatrie bisher wenig verbreitet. In der Praxis stellt sich unter anderem die Frage, inwieweit die Untergebrachten echte Wahlmöglichkeiten haben, sich für oder gegen Therapieempfehlungen bzw. die Medikamenteneinnahme zu entscheiden. Gilt doch sowohl im stationären wie auch im ambulanten forensisch-psychiatrischen Setting insbesondere die Medikamenteneinnahme, aber auch die übrige Therapieteilnahme als Grundlage zur Gefährlichkeitsreduktion und als Signal der Bereitschaft des Betroffenen, seine krankheitsinduzierte Gefährlichkeit zu verringern, um weitere Lockerungen bis hin zur Entlassung zu erlangen. Die Einnahme der Medikation kann bei vielen Präparaten anhand von Laboruntersuchungen und des Medikamentenspiegels im Blut überprüft werden.
Therapieteilnahme und Medikamenteneinnahme werden zudem häufig als Weisungen durch das zuständige Gericht im Rahmen der bedingten Entlassung auferlegt. Eine Nichteinhaltung der Weisungen kann die Rückkehr in den Vollzug bedeuten.
Welche Wahlmöglichkeiten haben die Betroffenen also tatsächlich? In der Adherencetherapie findet eine intensive Auseinandersetzung mit den bisherigen Erfahrungen, den Wünschen und Vorstellungen des Betroffenen bezüglich seiner Therapie und seiner Zukunft statt. Hierauf aufbauen kann die Befähigung zur fundierten Entschei-

dungsfindung, die den Betroffenen in seiner Position stärkt, ihn in der Auseinandersetzung mit seiner Erkrankung und der Unterbringung auf ganz alltagspraktische Weise unterstützt und auch gegenüber den Behandlern in eine selbstbewusstere Position versetzt, wenn es um das Aushandeln von Therapieempfehlungen und -inhalten geht. Selbst wenn die Wahlmöglichkeiten in der forensischen Psychiatrie für den Betroffenen zunächst minimal erscheinen – er hat doch die Möglichkeit und das Recht, sich für oder gegen Therapie zu entscheiden, wenn auch mit den entsprechenden Konsequenzen. Findet diese Entscheidung fundiert statt und/oder ist der Betroffenen in der Lage, mit den Behandlern in einen Aushandlungsprozess zu gehen, hat die Adherencetherapie einen wertvollen Beitrag geleistet. In der (bisher noch jungen) Praxis hat sich gezeigt, dass diese Therapie von den meisten Betroffenen und von den Mitarbeitenden eben aus diesen Gründen als lohnenswertes Angebot angesehen wird.

MERKE → **Die Befähigung der Untergebrachten, fundiert und eigenverantwortlich Entscheidungen zu treffen (für oder gegen etwas), ist eine wichtige Voraussetzung für die nachhaltige Integration von Behandlungs- und Therapieempfehlungen sowie Änderungen im Verhalten in den Alltag und damit für die Erreichung der Unterbringungsziele (Besserung und Sicherung).**

Das Gezeitenmodell

Das Gezeitenmodell ist ein recoveryorientiertes Konzept, das Bezug auf die Bedeutung der eigenen Lebensgeschichte nimmt. Insbesondere für die Bewältigung und den Umgang mit psychischen Krisen und Erkrankungen stellt das Gezeitenmodell ein praxisorientiertes, leicht anwendbares und lebenspraktisches Konzept dar (Barker & Buchanan-Barker 2013). Die Erfahrungen der Betroffenen im individuellen Umgang mit ihrer Erkrankung und deren Integration in den Lebensalltag waren die Grundlage für das Konzept. Der durch die Pflegetheoretikerin Hildegard Peplau (1952) beschriebene interpersonale Ansatz bildet das theoretische Fundament für das Modell. Bei diesem Ansatz steht die Beziehung zwischen Pflegendem und Erkranktem im Mittelpunkt, diese Beziehung spiegelt die alltäglichen Schwierigkeiten des Lebens wider.

Unter Berücksichtigung dieses interpersonalen Ansatzes ist das Gezeitenmodell eine Intervention, die die individuellen Erfahrungen und Erlebnisse des Betroffenen in den Mittelpunkt rückt. Leitgedanke dieser Intervention ist, dass der Betroffene der eigentliche Experte sei und die Aufgabe von professionell Tätigen darin liegt, begleitend und beratend zur Verfügung zu stehen. Die Aufgabe der im Maßregelvollzug Tätigen ist es, Situationen herzustellen und zu fördern, in denen die Betroffenen sich mit ihren psychischen Lebensproblemen auseinandersetzen, mit diesen vertrauter werden und sie schließlich überwinden können.

In der Praxis der forensischen Psychiatrie gibt es unterschiedliche Auffassungen zur Anwendbarkeit des Modells (BARKER & BUCHANAN-BARKER 2013). Die Umsetzung der Grundannahmen kann sinnvoll sein, wenn dem Untergebrachten mit einfachen Maßnahmen ein Gefühl persönlicher Wertschätzung vermittelt und die Beziehung zwischen ihm und den Behandelnden gestärkt werden soll. Dies kann die Arbeitszufriedenheit der Behandelnden erhöhen, was wiederum positive, Hoffnung und Sinn stiftende Auswirkungen auf die Untergebrachten haben kann. Wie dies geschehen kann, wird am folgenden Beispiel kurz skizziert:

BEISPIEL → Herr N. ist seit vielen Jahren im Maßregelvollzug untergebracht und befindet sich nunmehr seit drei Jahren auf einer Therapiestation. In den regelmäßig stattfindenden Bezugspflegegesprächen teilt er mit, dass er nichts Neues zu berichten habe und sein Alltag immer gleich ablaufe. Das Behandlungsteam erlebt Herrn N. als zurückgezogenen und im Antrieb geminderten, oftmals nachdenklich in sich gekehrten Menschen. Beide Seiten, Herr N. und die Bezugspflegekraft, betrachten die

Gespräche bisher immer als Möglichkeit, um vorwiegend über das Krankheitsgeschehen zu sprechen, oder anders formuliert: Die Identität von Herrn N. basiert fast ausschließlich auf einer Krankheitszuschreibung.

Durch die Anwendung der Grundannahmen des Gezeitenmodells kann der Versuch unternommen werden, diesen Blick zu verändern und zu weiten. Herr N. wird aufgefordert, sich mit seiner eigenen Geschichte auseinanderzusetzen und dabei nicht nur auf die Zeit der Unterbringung zu schauen, sondern auch auf die Zeit davor: Was war vor der Psychiatrie? Was war vor dem Delikt? Was hat gut geklappt? Was tat mir gut? Wer tat mir gut? Was habe ich gemacht, als es mir gut ging? Was hat zu meinen Krisen geführt? Was hat wieder herausgeführt?

Solche Fragen ließen sich weiter fortsetzen, der wichtigste Ansatz ist bei der Anwendung des Gezeitenmodells, dass der Untergebrachte seine Geschichte mit seinen Worten erzählen kann. Die Bezugspflegekraft hört ihm zu, ohne korrigierend einzugreifen oder Ratschläge zu erteilen. Dies stellt für die professionell Tätigen oftmals eine Herausforderung dar.

Durch das Erzählen der eigenen (Lebens-)Geschichte kann Herr N. diese Geschichte zurückgewinnen und somit auch Kontrolle übernehmen. Gleichzeitig wird deutlich, dass es in seinem Leben mehr gab und gibt als nur die Krankheit, das Delikt und die Unterbringung.

Durch solche Perspektiverweiterungen wird den Betroffenen in der Regel klar, dass sich die Gegebenheiten stetig verändern und es etwas zu berichten gibt. Die Bezugspflegekraft oder das gesamte Behandlungsteam können hierdurch ebenfalls ihren Blick auf die Untergebrachten erweitern und verändern. Dies führt dazu, dass sich neue Ansätze und Ideen zur Gestaltung auftun und die oftmals vorhandene sogenannte therapeutische Ratlosigkeit verhindert oder zumindest gemindert werden kann.

Basale Expositionstherapie

Die Basale Expositionstherapie (BET) ist ein in Norwegen entwickeltes, alternatives Therapieverfahren für Betroffene mit komplexen Störungen und niedrigem psychosozialen Funktionsniveau, die oftmals als »therapieresistent« bezeichnet werden. Als transdiagnostische Gemeinsamkeit dieser Betroffenengruppe wird das Aufkommen von sogenannter existenzieller Katastrophenangst und der Versuch, diese durch alle möglichen Strategien zu vermeiden, definiert. In der BET wird genau dieses Vermeidungsverhalten als Kern der Probleme der Betroffenen angesehen.

Betroffene, die in das BET-Programm aufgenommen wurden, sind oft über viele Jahre aufgrund von Halluzinationen, Wahnvorstellungen, Dissoziation und suizidalem Verhalten behandelt worden, ohne dass ihr Zustand dadurch dauerhaft verbessert werden konnte. Innerhalb der forensischen Psychiatrie gibt es viele Betroffene, auf die diese Kriterien zutreffen und die von dem Ansatz der BET profitieren können.

In der BET wird der Betroffene als derjenige angesehen, der seine Probleme durch Vermeidung aufrechterhält und selbst dafür verantwortlich ist, Veränderungen durch aktive Entscheidungen und Handlungen zu ermöglichen. Die Behandelnden können dabei den Weg zeigen, aber nicht das Problem selbst lösen. Ziele der BET sind, die Abhängigkeit vom Gesundheitswesen zu reduzieren und gleichzeitig die Fähigkeit zu fördern, Affekte und Verhaltensweisen selbst zu beeinflussen. Die BET verläuft in fünf Phasen:

- Etablierung einer sicheren und stabilen Basis (durch die »Komplementäre Externale Regulation«, KER),
- Etablierung einer Arbeitsallianz,
- Erforschung von Vermeidungsverhalten,
- Konfrontation (Exposition),
- lösungsfokussierte Konsolidierung der funktionalen Bewältigungsstrategien.

Die traditionelle Behandlung dieser Betroffenen basiert vor allem auf regulierenden und stabilisierenden Maßnahmen, die jedoch im Laufe der Zeit zu Regression und Marginalisierung führen können. Ein wichtiges Instrument der BET ist deshalb das therapeutische Verfahren der komplementären externalen Regulation, und zwar mit dem Ziel, Verhaltensstörungen zu reduzieren und die Ressourcen des Betroffenen zu mobilisieren.
Die KER basiert auf den Gegensätzen Unterregulation und Überregulation. Durch die Konfrontation mit Freiheit und Verantwortung und der Unterstützung von Bewältigungsverhalten (Unterregulation) im Wechsel mit Unterstimulierung und Vermeidung von Sekundärgewinnen (Überregulation) wird der Betroffene dazu bewegt, sein Verhalten selbst zu steuern. In dieser Regulation ersetzt validierende Kommunikation externale regulierende Maßnahmen.
Bei einer geplanten Implementierung in das Behandlungssetting müssen wichtige Faktoren berücksichtigt werden:

- Etablierung einer Prozessperspektive,
- Schulung in der Anwendung der KER,
- Schwerpunkt auf validierender Kommunikation,
- Verstehen von vermeidendem Verhalten und seiner Funktion,
- Etablierung von Verantwortung und Konfrontation als Lösungsweg.
- Werden diese Aspekte nicht im gesamten Team berücksichtigt und umgesetzt, kann die BET nicht etabliert und ausgeführt werden.

Experienced Involvement

In der psychiatrischen Versorgung und somit auch im Fachbereich des Maßregelvollzugs hat die Erforschung und Behandlung psychischer Erkrankungen eine lange Tradition. Die Erfahrungen und das persönliche Erleben der Betroffenen findet hierbei bislang jedoch wenig Berücksichtigung. Hierdurch bleiben den Fachleuten viele recoveryorientierte Ansätze verborgen, was wiederum dazu führt, dass die Betroffenen mit den Behandlungsangeboten unzufrieden sind, da ihre persönlichen Sichtweisen, Erfahrungen und Bewältigungsstrategien im Umgang und im Leben mit der Erkrankung wenig bis gar keine Berücksichtigung finden. Aus Untersuchungen geht hervor, dass der Einbezug von Betroffenen in die Behandlung einen positiven Einfluss auf diese nimmt, unter anderem durch ein erweitertes Krankheitsverständnis (Sinnsuche), die Generierung von neuem Wissen über genesungsfördernde Faktoren, die Entwicklung neuer Methoden in der Behandlung, aber auch generell in der Aus-, Fort- und Weiterbildung psychiatrisch Tätiger (siehe Bock u.a. 2014). Dies gilt für die forensische gleichermaßen wie für die allgemeine Psychiatrie, wenn auch unter den dort spezifischen Rahmenbedingungen die Konzeption des Einbezugs Betroffener anders gestaltet werden muss.

Peers

In Deutschland besteht die Möglichkeit, dass Psychiatrie-Erfahrene eine Weiterbildung zum Genesungsbegleiter absolvieren. Die Bezeichnungen für die Genesungsbegleiter variieren, mancherorts werden sie als »EX-IN-ler« (Experienced Involvement) bezeichnet oder als »Peer« und ihre Angebote entsprechend als Peer-to-Peer-Beratung. Wie bei den Recoverykonzepten erwähnt, ist die Ausbildung zum Genesungsbegleiter umfassend. Die Teilnehmenden setzen sich unter anderem mit Themen wie Salutogenese (was hält gesund?), Empowerment, dem Recoverymodell und der eigenen Recoverygeschichte auseinander. Sie erlernen Methoden und Kompetenzen zur Beratung und Begleitung anderer, zur Gestaltung von Kriseninterventionen und zum Lehren und Lernen. Der Umgang, die Bewältigung und die Reflexion der eigenen Erkrankung spielen eine weitere zentrale Rolle. Wichtige Zugangsvoraussetzung zur Absolvierung der Ausbildung ist eine eigene, schwere seelische Erkrankung. Durch die Ausbildung und den Einbezug von Betroffenen soll eine verbesserte Nutzerorientierung sowie eine zufriedenstellende und weniger diskriminierende Behandlung erreicht werden (Utschakowski u.a. 2016).

Auch in der forensischen Psychiatrie findet der Einsatz von Genesungsbegleitern Einzug. Durch die Ausbildung zum Genesungsbegleiter können Untergebrachte im Maßregelvollzug eine neue, sinnvolle Perspektive und Beschäftigung erfahren und nach ihrer Entlassung aus dem Maßregelvollzug auf diesem Gebiet tätig werden. Sie können als Genesungsbegleiter in einer Institution oder in einem Stationsteam mitarbeiten. Dies kann auf vielfältige Art und Weise geschehen. So können sie anderen Untergebrachten ihre Geschichte, ihren Weg durch den und aus dem Maßregelvollzug darlegen und somit zur Entwicklung von Hoffnung und Zuversicht beitragen. Es besteht unter anderem die Möglichkeit, sie als Genesungsbegleiter in Schulungsveranstaltungen für Mitarbeitende im Maßregelvollzug oder in die Gruppenarbeit mit Betroffenen mit einzubeziehen.

BEISPIEL → Gruppenarbeit: (Ehemalige) Untergebrachte des Maßregelvollzugs verfügen oftmals über ein umfängliches Wissen zum Vollzug, zu den Gegebenheiten und auch zu den Möglichkeiten im Maßregelvollzug. Um dieses Wissen und die Erfahrungen für andere zugänglich zu machen, bietet sich die Gründung einer Gruppe an, die dann durch einen entsprechend ausgebildeten Genesungsbegleiter geleitet wird. Inhalte dieser Gruppe können ein Erfahrungsaustausch untereinander sein oder auch die spezifischen, themenbezogenen Erfahrungen und Entwicklungsschritte, die dem Einzelnen geholfen haben.

In einigen Kliniken des Maßregelvollzugs gibt es hierzu bereits ein entsprechendes Angebot. Untergebrachte, die (noch) keine Ausbildung zum Genesungsbegleiter gemacht haben, in die Gruppenarbeit einbezogen. In Form sogenannter »Motivierender Orientierungsgruppen« gestalten Untergebrachte jeweils gemeinsam mit den Pflegenden die Gruppe.

Solche Angebote gibt es in drei Variationen: Ein Untergebrachter, der auf eine Regeltherapiestation verlegt wurde, berichtet in einer

Gruppe der Aufnahme- und Krisenstation über seine Entwicklung, seine Geschichte sowie seine Ansichten und steht darüber hinaus für Rückfragen zur Verfügung. Die gleichen Angebote bestehen nach dem Übergang vom hoch gesicherten Bereich in den Rehabilitationsbereich und beim Übergang zur Nachsorgebehandlung.

Ein anderes Arbeitsfeld wäre der Einbezug von Peers in Schulungsveranstaltungen. Hier kann ein Paradigmenwechsel vollzogen werden, indem Mitarbeitende von den Betroffenen »aus erster Hand« erfahren, was ihnen gutgetan hat oder immer noch guttut, was sie sich im Umgang mit den Professionellen wünschen, und vieles mehr.

Interkulturelle Handlungskonzeptionen

Eine große Anzahl der Untergebrachten im Maßregelvollzug weist einen Migrationshintergrund auf. Als Mitarbeitende treffen wir also auf Menschen aus anderen, mitunter sehr fremden Kultur-, Religions- und Sprachkreisen. Menschen werden durch ihre Kulturzugehörigkeit und die damit verbundenen soziokulturellen Einflussfaktoren geprägt. Diese Prägungen finden Ausdruck in persönlichen und individuellen (normativen) Vorstellungen und Auffassungen bezüglich Gesetzen, Glauben, Moral und Sitten, Gewohnheiten, Bräuchen und Ritualen, Krankheitsverständnis, aber auch eigener Fähigkeiten.
Für im Maßregelvollzug Tätige bedeutet dies, dass Kenntnisse über kulturelle Besonderheiten wichtig und hilfreich in der praktischen Arbeit sind (Tänzer 2010). Der Fokus sollte jedoch auch auf der Interaktion und dem individuellen soziokulturellen und biografischen Kontext liegen. Eine die Lebenswirklichkeiten des Einzelnen betrachtende Handlungskompetenz bringt einen hohen Grad an Kultursensibilität mit sich und basiert auf (wechselseitiger) Neu-

gier, Achtung und Respekt. Innerhalb des Behandlungsprozesses im Maßregelvollzug gibt es zahlreiche Möglichkeiten zur Umsetzung und Förderung der Kultursensibilität.

Kultursensibilität

Die Auseinandersetzung mit anderen Kulturen ist unter anderem hilfreich, um das Krankheitsverständnis der Betroffenen nachvollziehen zu können, Ursachenhypothesen zu verstehen, die Bedeutung und Rolle der Angehörigen im jeweiligen kulturellen Kontext zu erkennen und vieles mehr. Auch die häufig mit Migration verbundenen Traumata lassen sich oft in ihrer kulturspezifischen Wahrnehmung erst verstehen.
Gewalt ist ebenfalls ein breiter Themenkomplex, der in verschiedenen Kulturen unterschiedlich ausgeprägt ist und mit dem verschieden umgegangen wird.
Offenheit und Interesse gegenüber dem Fremden anderer Kulturen sollte eine Grundeigenschaft sein. Ein Beispiel kann hier das gemeinsame Kochen landestypischer Gerichte aus verschiedenen Kulturkreisen im Rahmen der Kochgruppe sein, und zwar nach Anleitung durch den jeweiligen Untergebrachten, aus dessen Land die Speise stammt.
Der Einbezug von Sprach- und Kulturmittlern und/oder Dolmetschern in die Behandlung kann unumgänglich sein, und zwar mit dem Ziel, gemeinsam mit den Betroffenen und den jeweiligen Institutionen individuelle, auf den Einzelfall bezogene Ideen und Konzepte zu entwickeln, die einen möglichst vorurteilsfreien Umgang fördern. Diesbezüglich gibt es in Deutschland mittlerweile einige Initiativen, die mit den Einrichtungen des Gesundheits- und Sozialwesens und somit auch denen des Maßregelvollzugs zusammenarbeiten (siehe die Internationale Gesellschaft für Bildung, Kultur und Partizipation, www.bikup.de). Hier ist das Bereitstellen von mehrsprachigen Informationsschriften notwendig, beispielsweise allgemeine Informationen zum Maßregelvollzug, zu den Krankheitsbildern und Therapieformen, Therapiepläne, aber auch Speisepläne. Diese

erleichtern den Umgang mit den im Alltag oftmals sehr hemmenden sprachlichen Barrieren. Durch diese Schwierigkeiten zwischen den Gesprächspartnern wird das Geben und Erheben wichtiger Informationen verhindert, wodurch sich schnell wechselseitige Ressentiments und Missverständnisse ergeben können. Diese haben unweigerlich und oft unbemerkt, da nicht ausgesprochen, Einfluss auf die Beziehungsgestaltung. Mehrsprachigen Informationsschriften können eine wichtige Arbeitshilfe sein.

Alltagsgestaltung

Das Aushängen eines interkulturellen Kalenders und die Klärung von Möglichkeiten, Feiertage und Feste anderer Kulturen zu begehen, wenn dies seitens der Untergebrachten gewünscht wird, sollten berücksichtigt werden. Ein Beispiel ist hier der muslimische Fastenmonat Ramadan und festgelegte Gebetszeiten im Alltag. In der Praxis wünschen Untergebrachte regelmäßig, dieses Ritual ausführen zu können. Fragen, die in diesem Zusammenhang auftreten, sind häufig, wie das Fasten beispielsweise mit der Medikamenteneinnahme zu vereinbaren ist, ob das Essen zurückgestellt werden kann und welche Lösungsmöglichkeiten individuell umsetzbar sind (Laabdallaoui & Rüschoff 2010).
Soziokulturelle Aspekte bei der Zuweisung von Bezugspersonen sollten berücksichtigt werden. Beispielsweise kann die Zuweisung einer Person desselben Geschlechts sinnvoll sein. Auch den Wunsch nach Pflege durch gleichgeschlechtliche Personen, sofern Pflege erforderlich ist, gilt es zu berücksichtigen.

Spiritualität

Die Themen der Religiosität und Spiritualität werden von den professionell Tätigen im Maßregelvollzug häufig marginalisiert oder sogar tabuisiert. Forschungsergebnisse zeigen jedoch, dass Untergebrachte vielfach den Wunsch haben, über diese Themen zu sprechen. Für einige stellen sie einen wichtigen, Halt gebenden und Hoffnung stiftenden Faktor dar. Andere wiederum begründen ihre persönlichen Erklärungsansätze der Erkrankung mit religiösen oder spirituellen Aspekten. Aus diesen Gründen ist es wichtig, dass die Behandelnden Raum geben und eine entsprechende Atmosphäre schaffen, um eine Auseinandersetzung mit diesen Themen zu ermöglichen. Dies kann auf ganz verschiedene, sehr individuelle Art und Weise geschehen.

Sexualität im Maßregelvollzug

Sexualität gehört mit ihren verschiedenen Facetten zu den wichtigen, aber häufig tabuisierten und verdrängten Wünschen unseres Lebens. Im Maßregelvollzug spielt dieses Thema eine besondere Rolle. Die Betroffenen sind regelmäßig über lange Zeiträume untergebracht und dadurch in ihren Möglichkeiten, dem Wunsch nach Nähe, Intimität und Sexualität nachzugehen, eingeschränkt. Der Kontakt zu einem möglichen Partner oder einer Partnerin ist nur sehr begrenzt vorhanden. Auch die Möglichkeiten der Kontaktanbahnung, der Entwicklung neuer Freundschaften oder aber das Aufsuchen einer Prostituierten sind nicht oder nur unter erschwerten Bedingungen umsetzbar.
Parallel hierzu sind die Betroffenen aber durchaus in ihrem Alltag mit Themen wie Sexualität und Intimität konfrontiert, zum Beispiel durch die Medien. Mitunter entwickeln sich homosexuelle Partnerschaften zwischen den Untergebrachten. Für die Betroffenen haben diese Themen oftmals einen hohen Stellenwert, so beschäftigen sie sich mit Fragen wie: Wie finde ich nach der Entlassung eine Partnerin, einen Partner? Wie werden potenzielle Partner mit meiner Unterbringung und Erkrankung umgehen, wie werden sie darauf reagieren und wie soll ich damit umgehen? Kommt die Lust trotz der Medikation wieder? Kann ich danach noch Kinder bekommen und eine Familie gründen?
Auch für die professionell Tätigen sind diese Themen alltäglich, werden jedoch nur selten oder risikobehaftet thematisiert. Für die Entwicklung einer hoffnungsvollen Perspektive der Untergebrachten sind sie aber sehr wichtig.

Eine besondere Schwierigkeit stellt hierbei das Anlassdelikt des Untergebrachten dar – insbesondere wenn dies ein Sexualdelikt oder aber sexuell motiviert war. Der Unterschied zwischen den sexuell motivierten Delikten und den übrigen Anlasstaten besteht in der inhaltlichen Ausrichtung des Gesprächs, der therapeutischen Intension. Als Mitarbeiter gilt es, genau zu beobachten, welche Verhaltensweisen und Gesprächsinhalte der Betroffene zeigt/äußert. Sind diese vor dem Hintergrund geltender Regeln und Normen hinnehmbar? Werden Äußerungen gemacht, die einen Deliktsbezug oder andere illegale Inhalte darstellen, oder wird gar derartiges Verhalten gezeigt? Hier gilt es, sensibel, aber deutlich im Rahmen des gesamten Behandlungsteams zu reagieren, dem Betroffenen sein Verhalten als nicht hinnehmbar zu spiegeln und Alternativen anzubieten. Kein Unterschied besteht jedoch in dem Grundsatz, dass Sexualität, Intimität und Nähe Alltagsphänomene sind.

Offenheit

Für die Behandlung im Maßregelvollzug ist es wichtig, dass diese Themen enttabuisiert und thematisiert werden. Dies bietet die Möglichkeit, die Themen normal zu behandeln und auch mögliche Risiken oder Befürchtungen anzusprechen. Möglichkeiten zur Annäherung ans Thema und zur Thematisierung bestehen beispielsweise durch:

- die Aufnahme des Themas »Sexualität« in die Fortbildungsveranstaltungen für Mitarbeitende,
- den Einbezug der Thematik in die Anamnese zu Beginn der Unterbringung und Behandlung,
- die Berücksichtigung sexueller Themen wie der sexuell übertragbaren Erkrankungen in die therapeutischen Gespräche, im Einzel- wie im Gruppensetting,
- das Hinzuziehen externer Dienste wie der Aidshilfe, um Informationen zu vermitteln.

Das Schaffen räumlicher Möglichkeiten, sogenannter Begegnungszimmer, sollte geprüft werden, sodass sich Untergebrachte mit ihren Lebenspartnern zurückziehen können, um mit diesen, unbeobachtet und ungestört, intim werden zu können. In der Praxis werden diese Möglichkeiten oftmals kontrovers diskutiert. In einigen Einrichtungen werden diese Räumlichkeiten, oftmals mit dem (fragwürdigen) Argument der Sicherheit, gänzlich abgelehnt. Aus unserer Sicht sollte jedoch die Möglichkeit des intimen Rückzugs gegeben werden. Die Entscheidung über die Nutzung ist im Einzelfall zu treffen, also unter Berücksichtigung deliktrelevanter und sicherheitsbezogener Aspekte.

Der komplikationslose, niederschwellige Zugang zu Kondomen oder anderen Verhütungs- und Schutzmöglichkeiten ist wichtig, beispielsweise durch die Bereitstellung eines Kondomautomaten in der Einrichtung. Eine weitere Möglichkeit besteht in einem Vorrat zum Beispiel im Dienstzimmer und der Herausgabe auf Anfrage. In der Praxis ist Letzteres jedoch kritisch zu betrachten, da die Untergebrachten ihren »Bedarf« bei den Mitarbeitenden anmelden müssten, was einerseits schambehaftet ist, andererseits Einblicke in die Intimsphäre der Untergebrachten erlaubt.

Ein offenes Ansprechen ist ebenfalls ratsam, wenn ein Untergebrachter vor einem unbegleiteten extramuralen Ausgang steht und im Vorfeld signalisiert, dass er diesen nutzen möchte, um eine Prostituierte aufzusuchen. Insbesondere unter Berücksichtigung der oftmals langen Unterbringungsdauern und damit möglicherweise verbundenen Unerfahrenheit mit Sexualpartnern kann es sinnvoll sein, beratende Gespräche zum Verhalten anzubieten.

Umgang mit Gewalt und Aggression

Gewalttätige Übergriffe gegen Mitarbeitende und unter den Betroffenen selbst sind in allen Fachbereichen der psychiatrischen Versorgung ein gut dokumentiertes Phänomen (RICHTER & SAUTER 1998). Dieses arbeitsplatzbezogene Risiko kann bei Mitarbeitenden (in allen Bereichen der Gesundheitsversorgung, auch der stationären Altenhilfe oder der Behindertenhilfe) zu Unzufriedenheit führen. Daher haben viele Einrichtungen Konzepte und Strukturen geschaffen, die diese Übergriffe vermeiden und bei einem Vorfall bestmöglich Nachsorge und Betreuung für die Betroffenen bieten sollen. Mittels Fortbildungen und Trainingsprogrammen sollen Mitarbeitende präventiv arbeiten können, um Gewalt zu mindern und im besten Fall natürlich zu vermeiden.

Wenn es zu Übergriffen kommt, treten bei den betroffenen Mitarbeitenden häufig körperliche und psychische Folgen auf. Gut belegt sind die oft weniger schwerwiegenden körperlichen (RICHTER & BERGER 2001): Kratzwunden, Hämatome, ausgerissene Haare. Schwere Verletzungen wie Knochenbrüche sind eher selten.

Die psychischen Folgen und Auswirkungen sind bislang noch nicht so gut untersucht wie die körperlichen, jedoch sind diese oftmals gravierender, insbesondere mittel- und langfristig. Derzeit ist ein Paradigmenwechsel festzustellen: Mehr und mehr rückt dieses Thema in den Fokus und wird enttabuisiert. Aspekte wie Haltung gegenüber den Erkrankten, Milieugestaltung, wertschätzende Kommunikation und geteilte Entscheidungen als mögliche präventive Maßnahmen zur Vermeidung von Gewalt und Aggression setzen sich allmählich durch. Die Nachsorge und Betreuung der Übergriffsopfer wird offen diskutiert und etabliert sowie seitens der Institutionen konzeptionell-strukturell gewährleistet. Dies gilt auch für die forensische Psychiatrie.

Risikosituationen

Der forensische Fachbereich der psychiatrischen Versorgung impliziert die Themenkomplexe Aggression und Gewalt scheinbar wie kein anderer. Viele Delikte der Untergebrachten beziehen sich auf Vergehen und Straftaten gegen die Gesundheit und das Leben anderer, die Bandbreite umfasst alle Taten von Diebstahl, Erpressung oder Brandstiftung über Körperverletzung, Sexualdelikten bis hin zu Mord. Vielfach wird die Annahme vertreten, dass in der forensischen Psychiatrie die Gefahr von gewalttätigen Übergriffen größer als in der allgemeinen Psychiatrie sei. Untersuchungen zeigen, dass dies nicht der Fall ist. Zahlen belegen zudem, dass die meisten gewalttätigen Übergriffe zu Beginn einer Behandlung stattfinden (Steinert 2008). Mit zunehmender Behandlungsdauer nimmt die Gefahr eines Übergriffs ab. Auch die Ursachen für gewalttätiges Verhalten ähneln in der forensischen Psychiatrie denen der allgemeinen Psychiatrie.

Die retrospektive Betrachtung von Übergriffen innerhalb der forensischen Psychiatrie zeigt, dass Auslöser für gewalttätiges Verhalten beispielsweise die Überforderung des Untergebrachten mit den Therapieanforderungen, die Verkennung der Realität im Rahmen einer schizophrenen Psychose oder der Ausdruck nicht vorhandenen Selbstwertgefühls ist. Ebenso kann Gewalttätigkeit ein Ausdruck kaum vorhandener reifer oder aber inadäquater Reaktionsmuster und Bewältigungsstrategien bei Entwicklungsverzögerungen oder bei Menschen mit einer mentalen Beeinträchtigung sein.

Für Mitarbeitende im Maßregelvollzug ist es daher wichtig, über die Grundzüge der einzelnen Krankheitsbilder und somit insbesondere über aggressionsauslösende Faktoren und geeignete Interventionen informiert zu sein. In der Praxis kann dies beispielsweise bedeuten,

dass eine umfassende Anamnese bereits Hinweise auf Situationen geben kann, in denen ein Betroffener gewalttätig reagiert, wenn aus der Vergangenheit bekannt ist, dass er auf bestimmte Auslöser schnell aggressiv reagiert. Eine gute Informationssammlung und eine tragfähige professionelle Beziehung zu den Betroffenen ist in diesem Zusammenhang unentbehrlich, um weitere gewalttätige oder aggressive Vorfälle rechtzeitig verhindern oder abmildern zu können und um für die Zukunft Maßnahmen zur Vermeidung zu ergreifen (wie Skillstrainings zum Stressabbau).
Zudem sind stabile Sozialbeziehungen dem aktuellen Forschungsstand nach eine wichtige Voraussetzung zur Vermeidung bzw. Bewältigung von Stresssituationen sowie einerseits zur Prävention und andererseits, falls diese doch auftreten, zur Bewältigung von aggressiven/gewalttätigen Situationen. Zum Themenkomplex Gewalt und Aggression in der psychiatrischen Versorgung und im Maßregelvollzug gibt es zahlreiche weiterführende Fachliteratur, auf die an dieser Stelle verwiesen sei: siehe etwa RICHTER (2007); STEINERT (2008); WALTER u.a. (2012).

Prävention von Gewalt und Aggression

In der psychiatrischen Versorgung gibt es vielfältige Möglichkeiten zur Vermeidung von Aggression und Gewalt, die auch im Bereich des Maßregelvollzugs Anwendung finden.

Hoffnung

Die Reduktion von Hoffnungs- und Machtlosigkeit stellt eine Möglichkeit dar, aggressives und gewalttätiges Verhalten zu verringern. Insbesondere bei lang andauernden Unterbringungs- und Behandlungsverläufen besteht die Gefahr, dass Betroffene ein Gefühl der Hoffnungs- und Machtlosigkeit entwickeln. »Ist doch sowieso alles egal, ich kann machen, was ich will, es hat keinen Zweck!«, heißt es dann etwa. Oder: »Ich habe ja nichts mehr zu verlieren.« Dies kann wiederum eine Gefahr für das Umfeld und somit auch für die Mitarbeitenden darstellen. Daher ist es eine wesentliche Aufgabe der psychiatrisch Tätigen, die Hoffnung und die Möglichkeiten der persönlichen Einflussnahme auf das weitere Leben zu erhalten und zu fördern.

Situationsanalysen

Die Aufarbeitung und Nachsorge eines aggressiven oder gewalttätigen Vorfalls dient bereits der Prävention weiterer derartiger Ereignisse. Die entsprechende Intervention heißt »Situationsanalyse«.
Bei dieser werden die auslösenden Faktoren, das Verhalten aller an der Situation Beteiligten sowie mögliche Frühwarnzeichen und angewandte Interventionen analysiert, und zwar mit dem Ziel, hieraus eine Handlungskonzeption zur Vermeidung künftiger Gewalt- und Aggressionshandlungen zu erarbeiten.

BEISPIEL → Ein Betroffener reagiert beim samstäglichen Einkauf im klinikinternen Kiosk mit aggressiven Handlungen, weil seine Lieblingszigarettenmarke ausverkauft ist. Er schleudert die angebotenen Zigaretten von sich, schlägt mit der Faust auf den Verkaufstresen, beschimpft den Verkäufer lautstark als »Hackfresse« und verlässt geräuschvoll den Kiosk. Auf dem Weg hinaus tritt er noch Blumenkübel um und reißt laut fluchend den Zeitungsständer um.

In der anschließenden Situationsanalyse stellt sich heraus, dass der Betroffene das Erlebnis mit seiner Vergangenheit assoziiert. Auf negative Erlebnisse/Abweisungen hat er in der Regel mit Wut und Aggression reagiert und sich auf diese Weise durchsetzen können, insbesondere wenn er von seinen Eltern die Erfüllung von Wünschen erwartete.
Dieses erlernte Verhalten führte im Setting des Maßregelvollzugs zu den beschriebenen wiederkehrenden Auffälligkeiten. Nach der gemeinsamen Situationsanalyse wurde vereinbart, dass sich der

Betroffene künftig vor den Einkäufen im Kiosk im Gespräch mit einem Pflegenden darauf vorbereitet, wie er reagieren könnte, falls ein gewünschtes Produkt nicht vorrätig ist. Der Betroffene zeigte sich einsichtig, dass dieses Verhalten nicht den allgemeinen Normvorstellungen entspricht, und in der nachfolgenden Zeit konnte tatsächlich ein Rückgang des gewalttätigen Verhaltens beobachtet werden und eine konstruktive Bearbeitung des Problems stattfinden.
Die Thematisierung des subjektiven Erlebens des Betroffenen ist ein wichtiges Element für die eigene Auseinandersetzung, da die Betroffenen häufig selbstständig keine Details über ihr Befinden preisgeben. Oft geschehen Aggressionsdurchbrüche und gewalttätige Handlungen, oberflächlich betrachtet, ohne erkennbaren Grund. Es kann allerdings im Nachhinein festgestellt werden, dass in diesen Fällen das subjektive Erleben der Betroffenen nicht bekannt war bzw. nicht thematisiert wurde. Als weiterer präventiver Effekt kann die Tatsache angesehen werden, dass Gespräche zum Beispiel über das Befinden und über emotionale Belastungen eine entspannende Wirkung haben.
Bezogen auf Mitarbeitende stellt das subjektive Empfinden und Erleben ebenfalls einen präventiven Faktor dar. Es bedarf nicht in jedem Fall der Instrumente und Skalen zur Prädiktion von Gewaltrisiken. Auch die Intuition, implizites Wissen und das »Bauchgefühl« können, neben Fachwissen und Berufserfahrung, wertvolle Hilfestellungen für präventive Interventionen sein.

Milieugestaltung

Die Gestaltung des Stationsmilieus stellt einen wichtigen präventiven Faktor dar bei der Vermeidung von Gewalt und Aggression. Es ist wichtig, hierbei die Untergebrachten mit einzubeziehen und deren Bedürfnisse zu berücksichtigen. Beispielsweise wäre die Gestaltung eines Wohnzimmers auf einer reinen Frauenstation anders vorzunehmen als auf einer reinen Männerstation. Das Ambiente auf einer Station sollte Möglichkeiten zur individuellen Gestaltung bieten, eine klassische Knast- und Krankenhausatmosphäre sollte, soweit unter den gegebenen Rahmenbedingungen möglich, vermieden werden. Sinnlicher Über- und Unterforderung sollte vorgebeugt werden, beispielsweise durch übersichtliche Gestaltung der Räume, die gleichzeitig eine Beschäftigungsmöglichkeit enthalten sollten, um Langeweile vermeiden zu helfen.

Auch Regelungen und Vorgaben sollten transparent und für alle nachvollziehbar sein.

Grundsätzlich gilt, dass die Auswahl der Präventionsmaßnahmen stark abhängig ist von den infrastrukturellen, personellen und personenbezogenen Gegebenheiten und der Behandlungsphilosophie. Daher ist es notwendig, dass, wann immer möglich, das Bewusstsein über die vorhandenen Präventionsmaßnahmen geschaffen wird und die Auswahl der Maßnahmen unter Berücksichtigung der vorgenannten Aspekte im interdisziplinären Team getroffen und getragen wird. ↗ Milieugestaltung, Seiten 28, 44 ff.

Gute Prävention funktioniert nur, wenn sich die Mitarbeitenden in ihrem Handeln sicher fühlen.

Nachbesprechungen

Eine Nachbesprechung ist nach jedem gewalttätigen und aggressiven Ereignis notwendig. Sie ist in ihrem Ausmaß weniger umfassend als die Situationsanalyse und sollte umgehend nach dem Vorfall stattfinden. Im Rahmen einer Nachbesprechung gilt es beispielsweise, herauszuarbeiten, ob das stattgefundene Ereignis einen konkreten, personenbezogenen Anlass hatte oder ob es aufgrund einer Verkennung geschah.

In der Folge findet die Bearbeitung des Ereignisses und dessen zugrunde liegender Anlass statt. Akute Sofortmaßnahmen, die möglicherweise notwendig sind, werden im Rahmen der Nachbesprechung eingeleitet. Dies kann beispielsweise die Reflexion der Gefühle sein, die während der Situation bei den Beteiligten aufgetreten sind, aber auch die Verlegung eines Untergebrachten in eine andere Therapieeinheit, wenn es zu einem Konflikt mit anderen Untergebrachten gekommen ist.

Kommunikation

Wertschätzende und authentische Kommunikation ist ein wichtiger Ausgangspunkt für die Ausgestaltung einer vertrauensbildenden und Hoffnung machenden, stärkenden Atmosphäre. Die Wortwahl und die Art zu sprechen kann, auch ohne Absicht, Missverständnisse und Verletzungen beim Gegenüber hervorrufen. Wertschätzende, gewaltfreie Kommunikation dient dazu, dies zu vermeiden, und hilft, bewusster zuzuhören und dem anderen die volle Aufmerksamkeit zu schenken sowie in eine ehrliche und unmissverständliche Auseinandersetzung zu treten.
Im Arbeitsalltag kann wertschätzende Kommunikation insbesondere vor dem Hintergrund der häufig langen Verweildauern, der Erkrankung und des Wissens um das Delikt des Untergebrachten schwierig sein und bisweilen auch misslingen. Deshalb ist es wichtig, dass dies den Beteiligten bewusst und reflektiert wird, beispielsweise im Rahmen von Teamgesprächen oder Einzelcoaching.
Gespräche mit Kolleginnen und Kollegen (Intervision) oder eine regelmäßige Selbstreflexion sind hierbei hilfreich. Dies bedeutet auch, dass Mitarbeitende in der Lage sind, ihre Grenzen zu erkennen und sie zu benennen. Zum Beispiel kann es vorkommen, dass der Kontakt mit einem Untergebrachten Aggressivität in einem selbst auslöst (Übertragungsphänomene). Dies kann die Kommunikation und damit auch die Beziehungsgestaltung negativ beeinträchtigen. Grundsätzlich gilt es immer, zu bedenken, dass Worte insbesondere in der Psychiatrie eine große Rolle spielen. Diese Macht der Worte kann man als professionell Tätiger, bewusst oder unbewusst, zum Positiven, aber eben auch zum Negativen einsetzen.

Gewalttätige Übergriffe

Auch wenn es selten vorkommt: Trotz aller präventiven und deeskalierenden Maßnahmen kann es im Maßregelvollzug zu gewalttätigen Übergriffen von Untergebrachten auf Mitarbeitende oder auf Mituntergebrachte kommen. In der Praxis existieren Konzepte, wie in diesen Situationen gehandelt wird, wie allen Betroffenen schnellstmöglich geholfen werden kann. Die Umsetzung dieser Sicherheitskonzepte und Notfallpläne wird regelmäßig durchgesprochen und geübt, sie ist detailliert geplant. Üblicherweise trägt jeder Mitarbeitende ein Gerät am Körper, mit dem im Bedarfsfall ein Alarm ausgelöst werden kann. Kollegen eilen in dem Fall zu Hilfe.

Vielfach werden Mitarbeitende für den Umgang mit Gewaltausbrüchen und Aggressionen geschult, der im Notfall, wenn deeskalierende Maßnahmen und Gespräche nicht weiterhelfen, auch Halte- und Grifftechniken im Rahmen eines Übergriffs beinhaltet.

Wenn es zu einem Übergriff gekommen ist, findet für die Betroffenen (und für die anwesenden Helfer) nachsorgende Betreuung statt, die von medizinischer Hilfe bis zur psychosozialen Betreuung und gegebenenfalls therapeutischen Unterstützung durch externe Angebote reicht. Auch die Verlegung in andere Behandlungseinheiten kann ein Element der Nachsorge sein. Kollegiale Beratung, Supervisionen und Situationsanalysen können dem betroffenen Mitarbeitenden und dem Team ebenfalls bei der Aufarbeitung von gewalttätigen Zwischenfällen helfen. Die Nachsorge ist in den einzelnen Einrichtungen üblicherweise konzeptionell detailliert geregelt.

Zu erwähnen ist, dass gewalttätige Übergriffe im Maßregelvollzug vielfach krankheitsbedingt sind: Der Untergebrachte verkennt beispielsweise eine Situation und fühlt sich daher bedroht oder er ist aufgrund seiner Minderbegabung nicht in der Lage, Konflikte adäquat zu lösen. Auch Hoffnungslosigkeit kann ein Auslöser für Gewalt darstellen, das Gefühl, nichts mehr zu verlieren zu haben.

Anhand dieser kurz aufgeführten Beispiele zeigt sich, dass Beziehungsarbeit, gute Kenntnisse über die Biografie des Betroffenen und die Vermeidung von Hoffnungslosigkeit wichtige Elemente der Arbeit im Maßregelvollzug darstellen. ↗ **Gefährlichkeit, Seiten 15, 102 ff.**

Selbstschutz und Selbstfürsorge

Wie für alle Mitarbeiterinnen und Mitarbeiter im Gesundheitswesen stellt auch im Maßregelvollzug die eigene Gesunderhaltung und somit ein wirksamer Selbstschutz bzw. Selbstfürsorge eine wichtige Aufgabe dar, um langfristig den vielschichtigen Anforderungen gerecht zu werden. Gleichzeitig bedeuten eine gute Selbstfürsorge und ein guter Selbstschutz eine Präventionsmaßnahme vor Gewalt und Aggressionen gegenüber den Untergebrachten.

Kollegiale Beratung

Eine Möglichkeit für den Selbstschutz liegt in der kollegialen Beratung. Diese ist, sofern man in einem Team arbeitet, dauernd und ohne zusätzliche Kosten verfügbar. Sie bedarf jedoch einer guten und vertrauensvollen Teamkultur. Sinn und Zweck der kollegialen Beratung ist es, sich bei aufkommenden, für den Einzelnen als beratungsrelevant empfundenen Problemstellungen an einen oder mehrere Kollegen wenden zu können, um diesem das persönliche Anliegen schildern zu können. In der gemeinsamen Beratung entwickeln sich anschließend Lösungsansätze. Es kann jedoch auch passieren, dass Kollegen von sich aus einen anderen Kollegen auf ein beobachtetes Problem ansprechen, zum Beispiel wenn beobachtbar wird, dass die professionelle Distanz im Umgang mit den Untergebrachten schwindet und sich hierdurch mitunter schwierige Situationen entwickeln. Die kollegiale Beratung, aber auch die anderen Arten des Selbstschutzes bzw. der Selbstfürsorge erheben an die Mitarbeitenden den Anspruch einer gut ausgeprägten Eigen- und Fremdreflexionskompetenz.

Supervision

Neben dieser meistens teaminternen Art der Beratung besteht die Möglichkeit der externen Beratung. Hierbei stellt die Supervision eine der häufigsten Formen da. Diese wird durch einen ausgebildeten Supervisor geleitet, der in der Regel keinen direkten Bezug zur Einrichtung hat. Supervision kann im Einzel- oder Gruppensetting, bezogen auf einen (Betroffenen-)Fall oder auf

Teamthemen stattfinden. Der Supervisor hat dabei die Aufgabe, »von außen« auf die Schilderungen der Teilnehmenden zu sehen und durch verschiedene Techniken der Beratung – je nach Schwerpunkt des Supervisors – Einfluss auf die Entwicklung von neuen Perspektiven und von (Lösungs-)Ansätzen zu nehmen.

Psychohygiene

Nicht unerwähnt bleiben darf die sogenannte Psychohygiene, die alle Formen der eigenen Bewältigung schwieriger Situationen meint, häufig in Form kurzer Gespräche im Arbeitsalltag. Solche Reaktionen können für neue Mitarbeiter befremdlich oder gar abschreckend wirken, obwohl die Psychohygiene einen hohen Stellenwert für die eigene Gesunderhaltung hat. Sie zeigt sich oftmals in Gesprächen zwischen einzelnen Kollegen oder in den Übergaben und zeichnet sich zuweilen durch eine entsprechend ironische, sarkastische Betrachtungsweise einer zuvor mitunter als belastend erlebten Situation aus. Sie verfolgt den Zweck, entlastend zu wirken, darf jedoch niemals zynisch sein und darüber hinaus auch nicht im direkten Betroffenenkontakt ausgeübt werden. Darüber hinaus ist es wichtig, dass auf das rechte Maß der Äußerung geachtet wird.

MERKE → **Nach dem Motto »Nur wer für sich selbst sorgt, kann gut für andere sorgen« ist die Selbstfürsorge für jeden Mitarbeitenden ein wichtiger Bestandteil der professionellen Arbeit im Maßregelvollzug.**

Der multiprofessionelle Behandlungsprozess

Bei allen professionellen Entscheidungen wird – bewusst oder unbewusst – nach einem bestimmten Ablaufplan vorgegangen. In den psychiatrischen Hilfen findet die Behandlung im Rahmen eines interdisziplinären Prozesses statt. Alle an der Behandlung beteiligten Berufsgruppen bringen ihr jeweiliges Fachwissen und ihre Kompetenzen in den Behandlungsprozess ein. Dies gilt ebenso für den Maßregelvollzug. Der gesamte Prozess wird von den beteiligten Berufsgruppen geplant, gemeinsam besprochen und abgestimmt. Gemeinsam mit dem Untergebrachten werden jene Probleme definiert, an denen er arbeiten möchte oder sollte, Ressourcen herausgearbeitet, Ziele festgelegt und individuelle Maßnahmen geplant. In regelmäßigen Abständen wird dieser Prozess zudem evaluiert, also auf seine Wirksamkeit hin überprüft.

Den größten Anteil an der tagtäglichen Arbeit im Maßregelvollzug übernehmen die Pflegenden. Sie sind damit zentral für den Entwicklungsprozess der Untergebrachten im Hinblick auf den Alltag. Therapeuten und Sozialarbeiter beispielsweise fokussieren meist auf Prozesse ihrer speziellen Aufgabengebiete, etwa die Deliktbearbeitung, Behördenangelegenheiten. Insgesamt stellt die Arbeit im Maßregelvollzug ein multiprofessionelles Gesamtgefüge dar, das wie Zahnräder ineinandergreift. So kann es zum Beispiel sein, dass die Deliktbearbeitung mithilfe des zuständigen Therapeuten stattfindet, die Bewältigung alltäglicher Aspekte zum großen Teil durch die Pflegenden unterstützt wird. Auch andere Themen wie die Gewichtsreduktion wird zumeist in der ärztlichen Visite besprochen, die

Umsetzung im Alltag erfolgt durch Unterstützung, Motivation und Beratung der Pflegenden, beispielsweise die Kontaktaufnahme zur Ernährungsberatung oder die Beratung bei der Menüplanung.

Der Pflegeprozess

Der Pflegeprozess beschreibt einen systematischen, logischen und zielgerichteten Analyse-, Entscheidungs- und Handlungsablauf, der aus mehreren Schritten besteht. Die einzelnen Schritte des Pflegeprozesses sind voneinander abhängig und beeinflussen sich wechselseitig (siehe Abbildung 4).

ABBILDUNG 4: Pflegeprozess (nach Fiechtner & Meier)

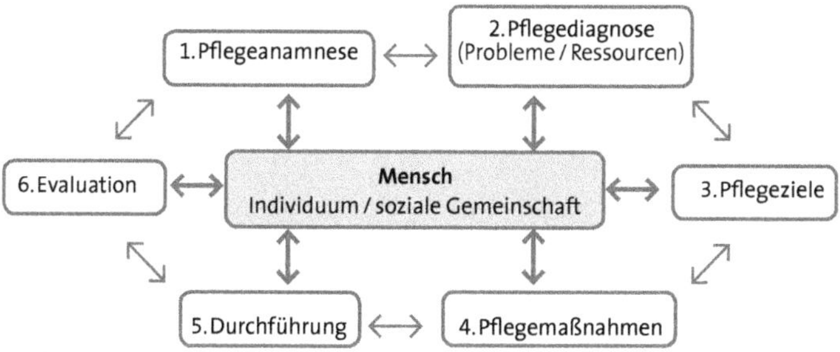

Anamnese

Im ersten Schritt, der Pflegeanamnese, werden alle (pflege-)relevanten Informationen aus der Vorgeschichte des Untergebrachten gesammelt. Diese reichen in alle Lebensbereiche hinein, von den familiären Hintergründen, der eigenen Rolle in der Familie über die Schul- und Berufsausbildung bis hin zu Freizeitbeschäftigungen, Ernährungs- und Schlafgewohnheiten sowie Eigenwahrnehmung, Normen- und Wertvorstellungen. Auch die Krankheitsgeschichte und

Delinquenz sowie die Auswirkungen dieser auf den Alltag werden erfasst. Die Informationen können vom Betroffenen selbst, aber auch zusätzlich von Dritten wie Angehörigen oder Mitarbeitenden erhoben werden. Die verschiedenen Sichtweisen vom Betroffenen und von Dritten können hierbei interessant und aufschlussreich sein. Wie schätzt der Untergebrachte beispielsweise seine eigene Rolle im Freundeskreis ein, und wie wird diese von Angehörigen gesehen? Wie nimmt der Betroffene sich selbst wahr, und wie wirkt er auf die Mitarbeitenden?

Die Anamnese bildet die Grundlage für die weitere Planung der Pflege. Sie besteht in der Regel aus einem allgemeinen Teil und zusätzlichen speziellen Erfassungsinstrumenten für besondere pflegerische Aspekte wie Wunden, Suchtmittelkonsum, Sturzgefahr oder Suizidalität.

Die Instrumente zur Erfassung der Anamnese können standardisiert sein, es gibt für viele Bereiche der Gesundheits- und Krankenpflege evidenzbasierte Skalen und Erfassungsinstrumente. Vielfach werden in den einzelnen Maßregelvollzugskliniken interne Anamneseinstrumente genutzt. Vor dem Hintergrund der Professionalisierung und der zunehmenden Forschung auf dem Gebiet der forensisch-psychiatrischen Gesundheits- und Krankenpflege ist derzeit eine starke Tendenz zum Einsatz standardisierter und wissenschaftlich belegter Instrumente zu erkennen.

Problemanalyse

Im zweiten Schritt des Pflegeprozesses werden die pflegerelevanten Probleme des Untergebrachten herausgearbeitet auf der Grundlage der Informationen, die im Rahmen der Anamnese erfasst wurden.

»Pflegerelevanz« bedeutet, dass es Probleme sein müssen, die der Betroffene mittels pflegerischer Interventionen bearbeiten kann, also beispielsweise Auswirkungen der Erkrankung, des Delikts oder der Unterbringung auf sein alltägliches Leben. Wie kann der Betroffene im Alltag seinen Suchtdruck bewältigen, wie mit dem Stimmenhören umgehen? Aber auch ganz basale Fragen wie die Erinnerung an Termine oder das (Wieder-)Erlernen haushaltspraktischer Fähigkeiten können eine Grundlage für pflegerische Interventionen sein. Die Pflegenden können dem Betroffenen beispielsweise unterstützende Maßnahmen anbieten, um Probleme wie den Umgang mit inneren Stimmen oder dem Verlangen nach Suchtmitteln zu bewältigen. Der Umgang mit Krankheitsauswirkungen auf den Alltag und das Erlernen lebenspraktischer Kompetenzen können wesentlich sein für die Gefährlichkeitsreduktion, die maßgeblich für Lockerungen und für die spätere Entlassung ist.

Auch Nachreifungsprozesse im Bereich der sozialen oder Alltagskompetenzen können pflegerelevant sein. Viele Untergebrachte im Maßregelvollzug haben beispielsweise Defizite in haushalts- und insgesamt alltagspraktischen Fähigkeiten wie Pflege des persönlichen Wohnumfelds (Wäsche waschen, Zimmer aufräumen, Lebensmittel bevorraten), Versorgung mit Artikeln des täglichen Bedarfs (Körperpflegeprodukte, Kleidung) oder im Umgang mit Geld (zur Schuldenvermeidung). Diese Kompetenzen können jedoch wesentlich sein im Hinblick auf die Reduktion der Gefährdung und die Wiedereingliederung des Betroffenen in die Gesellschaft.

Im Rahmen des Pflegeprozesses gilt es, gemeinsam mit dem Betroffenen herauszuarbeiten, an welchen Problemen er arbeiten möchte und welche Aspekte aus pflegefachlicher Sicht in den Fokus gerückt werden sollten. Gegebenenfalls ist es notwendig, fürsorglich im Sinne des Betroffenen die Probleme zu benennen, wenn er diese etwa krankheitsbedingt oder aufgrund eines Wissensdefizits selbst nicht als solche erkennt, sie aber aus fachlicher Sicht im Rahmen der Gefährlichkeitsreduktion bearbeitet werden sollten.

In vielen Maßregelvollzugseinrichtungen arbeiten die Pflegenden mit den Pflegediagnosen der North American Nursing Diagnoses Association (NANDA). Diese Fachgesellschaft hat eine internationa-

le, wissenschaftlich begründete Klassifikation von Pflegeproblemen (= Pflegediagnosen) geschaffen, die regelmäßig überarbeitet und ergänzt werden und das Ziel der weltweiten Verbreitung haben. Im Jahr 2015 existierten rund zweihundert Pflegediagnosen, die unter anderem aktuelle und potenzielle Pflegeprobleme abbilden (NANDA-International 2013). Häufig vorkommende Pflegediagnosen im Maßregelvollzug sind zum Beispiel »Gefahr der fremdgefährdenden oder eigengefährdenden Gewalttätigkeit«, »Beeinträchtigte soziale Interaktion«, »Unwirksames Coping« oder »Beeinträchtigte individuelle Resilienz«.
Die Pflegeprobleme und -diagnosen, die im Rahmen des Prozesses definiert werden, stehen sinnvollerweise im Zusammenhang mit der multiprofessionellen Behandlungsplanung.

Zielformulierung

Die im zweiten Schritt des Pflegeprozesses definierten Probleme bzw. Diagnosen bilden Ausgangspunkte für den dritten Schritt, die Zielformulierung. Hierbei ist es wichtig, dass die Ziele *realistisch* definiert werden. Außerdem muss der Betroffene ein Interesse (intrinsisch oder extrinsisch motiviert) daran haben, ein Ziel zu erreichen. Wichtig ist zudem, dass ein Zeitpunkt definiert wird, wann das Ziel erreicht werden soll. Hierbei kann unterschieden werden in Nah- und Fernziele. So kann ein Nahziel beispielsweise sein, dass der Untergebrachte sich an die Pflegenden wendet, wenn er den Drang verspürt, Suchtmittel zu konsumieren, und ein dazugehöriges Fernziel, dass der Betroffene in der Lage ist, alternative Maßnahmen anzuwenden, um sich vom Suchtdruck abzulenken.
Ein gutes Ziel lässt sich mit den SMART-Regeln umschreiben: spezifisch (eindeutig, für jeden klar nachvollziehbar, auf konkretes Verhalten abzielend), messbar (objektivierbar), akzeptiert (alle Beteiligten müssen das Ziel akzeptieren, einverstanden sein), realistisch und terminiert.

Ziele können der Zustandserhaltung dienen, wenn ein Untergebrachter weiterhin nachweislich drogenfrei bleiben möchte während der Zeit seiner Langzeitbeurlaubung. Ziele können ebenso Fortschritte und Weiterentwicklungen beschreiben, wenn ein Untergebrachter seine Tagesstruktur verbessern und selbstständig jeden Morgen pünktlich aufstehen, seinen persönlichen Bereich aufräumen, das Bett machen, die Körperpflege durchführen, in angemessener Kleidung am gemeinsamen Frühstück teilnehmen und pünktlich die Arbeitstherapie aufsuchen möchte. Dies klingt für Außenstehende banal, aber für viele Untergebrachte im Maßregelvollzug sind dies bereits große Erfolge, da sie dies während ihrer Sozialisation oftmals nicht gelernt haben.

Die Ressourcen des Betroffenen sind zu berücksichtigen, denn sie sind eine wichtige Grundlage bei der Zielerreichung.

Die Pflegeergebnisklassifikation NOC (Nursing-Sensitive Outcome Classification) stellt das analoge Klassifikationssystem zu den NANDA-Pflegediagnosen im Bereich der Pflegeziele dar. Es erleichtert den Pflegenden, messbare und bewertbare Pflegeziele zu formulieren, die anhand definierter Messinstrumente überprüft werden können. Sie bietet außerdem eine standardisierte Fachsprache (Moorhead u.a. 2013).

Interventionen

Im nächsten Schritt des Pflegeprozesses werden die entsprechenden Maßnahmen definiert; sie bilden ab, was die Pflegenden dem Betroffenen anbieten auf dem Weg der Zielerreichung. Pflegemaßnahmen können Motivation, Unterstützung und Anleitung anbieten sowie teilweise oder vollständig kompensatorischer Art sein, wenn ein Betroffener nicht in der Lage ist, Verrichtungen wie eine Wundversorgung selbstständig durchzuführen.

Gesprächs- und Reflexionsangebote gehören in der forensisch-psychiatrischen Pflege zu den häufigen Maßnahmen. Diese können dem Betroffenen sein Handeln und sein Wirken reflektieren helfen, Handlungsalternativen herausarbeiten und so zu Veränderungen beitragen.

Ebenso zentral stehen Maßnahmen der Beobachtung der Untergebrachten auf mögliche Krankheitssymptome und/oder deliktnahes Verhalten. Wird dieses Verhalten beobachtet, resultieren hieraus wiederum weitere Pflegemaßnahmen.

Pflegemaßnahmen bilden konkret ab, was Pflegende wann, wie, wo und unter welchen Umständen dem Betroffenen anbieten bzw. welche Tätigkeiten sie ausführen sollen, um ihn bei der Erreichung der zuvor definierten Ziele zu unterstützen. Die Pflegeinterventionsklassifikation NIC (Nursing Intervention Classification) bildet Pflegemaßnahmen standardisiert, kodiert und klassifiziert ab, ebenfalls analog zu den NANDA-Pflegediagnosen. Die Arbeit mit diesen Klassifikationssystemen stellt einen wichtigen Beitrag zur Professionalität pflegerischer Arbeit dar (McCloskey-Dochterman & Bulechek 2015).

Bei der Durchführung der Pflegemaßnahmen, die dieser Schritt des Pflegeprozesses darstellt, wird, wie im gesamten Pflegeprozess, deutlich, dass Pflegende eine wichtige Vorbildfunktion für die Untergebrachten einnehmen. Dies wird dadurch verstärkt, dass sie jene Berufsgruppe sind, die die Betroffenen im Alltag begleiten und rund um die Uhr über eine lange Zeit, oft über Jahre, Kontakt zu ihnen haben in einer Umgebung, die gekennzeichnet ist durch Merkmale der totalen Institution.

Evaluation

Der nächste und letzte Schritt des Pflegeprozesses ist die Evaluation. Sie sollte in regelmäßigen, geplanten Abständen gemeinsam mit dem Betroffenen stattfinden und dient der Überprüfung der Zielerreichung und der Wirksamkeitsanalyse der Maßnahmen:

- Besteht das Problem weiterhin?
- Konnten die Ziele mit den geplanten Maßnahmen erreicht werden? Wenn nicht, aus welchen Gründen?
- Müssen andere Maßnahmen geplant werden oder gegebenenfalls die Ziele angepasst werden?
- Wie hat der Betroffene auf die Maßnahmen reagiert, haben sie ihm die nötigen Hilfen angeboten?
- Welche Ziele und Maßnahmen stehen im nächsten Planungszyklus im Fokus, werden neue definiert oder wird mit den bestehenden weitergearbeitet?
- Wenn das Problem behoben werden konnte – an welchem Problem gilt es künftig zu arbeiten?

Diese Fragen sind im Rahmen einer Pflegeprozessevaluation begründet zu beantworten und gemeinsam mit dem Betroffenen zu bearbeiten.

Bezugspflegesystem

Üblicherweise ist die professionelle Arbeit im Maßregelvollzug anhand einer festen Zuordnung der Untergebrachten zu Therapeuten und Pflegenden organisiert, es bestehen festgelegte fallverantwortliche Therapeuten und Pflegende.
Das Konzept des Bezugspflegesystems ist ein klientenorientiertes Pflegeorganisationssystem. Jedem Untergebrachten wird eine Bezugspflegekraft zur Seite gestellt. Diese ist während des gesamten Aufenthalts auf der Station oder der Therapieeinheit im Rahmen einer unterstützenden Beziehung für eine zielgerichtete, der individuellen Situation angepassten, interdisziplinär abgesprochenen Pflege des Betroffenen auf der Grundlage des oben beschriebenen Pflegeprozesses verantwortlich. Die Bezugspflegekraft stellt eine Informations- und Kommunikations»drehscheibe« dar. Vertretungsregelungen sind klar abzusprechen, um Kontinuität zu gewährleisten. Diese Form der Pflegeorganisation kann eine Grundlage für die Schaffung einer tragfähigen professionellen Beziehung darstellen,

da eine kontinuierliche Beziehung über teilweise lang andauernde Zeiträume (Monate und Jahre) besteht.

MERKE → **Die professionelle Arbeit im Maßregelvollzug gestaltet sich fallbezogen, individuell, geplant und prozesshaft. Sie fundiert auf einer breit angelegten Informationssammlung, wird in der Definition individueller Ziele und Maßnahmen fortgeführt und unterliegt einer regelmäßigen Evaluation. Dies alles unter Einbezug des Betroffenen.**

Therapie- und Eingliederungsplanung

Nicht nur die einzelnen Berufsgruppen arbeiten jeweils prozesshaft, das gesamte multidisziplinäre Behandlungsteam im Maßregelvollzug arbeitet gemeinsam an einem übergeordneten Prozess, in den sich jede beteiligte Berufsgruppe mit ihrem Schwerpunkt und spezifischen Auftrag einbringt.

Die Inhalte werden in regelmäßigen Abständen in die multiprofessionellen Therapie- und Eingliederungspläne eingearbeitet. In der Regel wird unmittelbar nach der Aufnahme des Betroffenen seitens des Behandlerteams ein (vorläufiger) Therapieplan erstellt und in regelmäßigen Abständen evaluiert und angepasst.

Die deutsche Gesetzgebung zum Maßregelvollzug, die Aufgabe der einzelnen Bundesländer ist, sieht unterschiedliche Regelungen zur Behandlungsplanung vor. Die Landesgesetze in Nordrhein-Westfalen, Niedersachsen, Hessen oder Rheinland-Pfalz schreiben vor, dass detaillierte Therapiepläne zwingend erstellt werden müssen und regelmäßig in sechsmonatigen Abständen zu überarbeiten und zu aktualisieren sind. Dies geschieht üblicherweise in sogenannten Behandlungsplankonferenzen, in denen die an der Behandlung Beteiligten gemeinsam ihre Inhalte einbringen und erörtern. Inhaltlich ist ein Therapie- und Behandlungsplan in der Regel aufgebaut anhand von Problemstellungen, Zielsetzungen und der Maßnahmenplanung

für einen bestimmten Zeitraum, beispielsweise für das gesetzlich vorgeschriebene halbe Jahr in den genannten Bundesländern.
Ein Therapie- und Eingliederungsplan bedarf grundsätzlich nicht der Zustimmung durch den Untergebrachten. Die gemeinsame Erörterung mit ihm ist jedoch ein wichtiges *therapeutisches* Instrument. Hierdurch können dem Betroffenen die Inhalte und Zielsetzungen der Therapie transparent dargestellt werden, und er hat die Möglichkeit, sich einzubringen, Anmerkungen zu machen und Rückfragen zu stellen. ↗ Selbstwirksamkeit, Seite 86
Die Art und Weise der Erörterung wird in der Praxis unterschiedlich gehandhabt. Optimalerweise wird dem Untergebrachten der Plan durch das Behandlungsteam erklärt. So kann der Betroffene beispielsweise am Ende der Planungskonferenz hinzugeholt und um ein persönliches Statement gebeten werden. Ein recoveryorientiertes Instrument der Therapieplanung ist das »Reflecting Team«. Hierbei ist der Betroffene von Beginn an als Zuhörer anwesend. Für das Behandlungsteam bedeutet dies, dass eine gute Vorbereitung notwendig ist und eine reflektierte Planungskonferenz stattfinden muss – dies sollte zwar grundsätzlich immer der Fall sein, erlangt aber in Anwesenheit des Betroffenen einen höheren Stellenwert.
Am Ende der Konferenz erhält auch hier der Betroffene die Möglichkeit, Stellung zu beziehen zu den Inhalten der Planung, und kann dem Behandlungsteam eine Rückmeldung geben.

Ressourcenorientierung versus Risikoabwägung

Die Einschätzung des künftigen Gewaltrisikos, und zwar sowohl gegen Personen (sich selbst und andere) als auch gegen Sachen, stellt eine zentrale Aufgabe der psychiatrischen Tätigkeit im Maßregelvollzug dar. Hintergrund und Ziel dieser Einschätzungen ist das Einleiten von Maßnahmen, die zum Ursachenverständnis und zur Risikoreduktion beitragen können.

In Fachkreisen wird die Beurteilung des künftigen Gewaltrisikos vielfach kritisch betrachtet. So wird beispielsweise die Frage kontrovers diskutiert, ob es angemessen ist, ein Gewaltrisiko quantitativ zu erfassen, wie es viele diverse Prognoseinstrumente vorsehen. Die Skepsis besteht unter anderem deshalb, weil dies eine pessimistische Herangehensweise fördert und intra- wie interpersonelle Variablen, etwa die Veränderungsbereitschaft des Betroffenen, seine veränderten Wertvorstellungen oder ein neues soziales Umfeld, nicht erfasst werden können. Außerdem ist die Validität vieler als Risiko erachteter Faktoren bislang nicht ausreichend gesichert, um sie in eine evidenzbasierte Einschätzung einbeziehen zu können.

Dennoch stellen Prognoseinstrumente ein wichtiges Hilfsmittel bei der strukturierten Einschätzung künftiger Gewaltrisiken dar. Sie dürfen jedoch keine ausschließliche Grundlage für die Vorhersagen sein. Komplementär gilt es, Faktoren mit einzubeziehen, die aus fachlicher Sicht eine Rolle spielen, und zwar unabhängig von den erfassten Items des Prognoseinstruments und der daraus hervorgehenden Beurteilung. Dies können zum Beispiel Beobachtungen aus dem Behandlungsalltag sein, Äußerungen des Betroffenen bezüglich seiner Wertvorstellungen und Zukunftspläne oder Veränderungen im sozialen Empfangsraum, dem Ort und das Umfeld, in das der Betroffene nach der Unterbringung entlassen wird.

Gegenwärtig gibt es zahlreiche strukturierte Erfassungs- und Prognoseinstrumente zur Einschätzung dieses Risikos. Diese sind teilweise allgemein, für jede Zielgruppe anwendbar, einige sind für spezielle medizinische Diagnose- oder Deliktgruppen entwickelt worden. Auch für Jugendliche und Heranwachsende gibt es hierzu spezifische Instrumente. Im Folgenden werden einige vorgestellt, die diagnose- und deliktunabhängig bei Erwachsenen angewendet werden können.

Die Brøset-Gewalt-Checkliste ist ein Instrument, **Brøset-Skala** ↴ das in der stationären psychiatrischen Versorgung der kurzfristigen Einschätzung des Risikos der Gewalttätigkeit von Betroffenen gegen andere Personen dient. Im Rahmen der Einschätzung werden sechs Verhaltensweisen des Betroffenen beurteilt, die der aktuellen Studienlage zufolge als Prädiktoren für ein gewalttätiges Verhalten innerhalb der nächsten 24 Stunden gelten, da sie gehäuft vor einem solchen Vorfall auftreten:

Verwirrtheit: Der Betroffene erscheint augenscheinlich verwirrt und desorientiert. Er ist unter Umständen zeitlich, örtlich, situativ und gegenüber Personen desorientiert. »Verwirrt« ist in diesem Zusammenhang sehr allgemein zu verstehen, allerdings zählt beispielsweise auch Verwirrtheit aufgrund einer Psychose oder von Drogenkonsum dazu.

Reizbarkeit: Der Betroffene ist schnell verärgert oder übel gelaunt.

Lärmigkeit: Der Betroffene zeigt sich verhältnismäßig laut und/oder verursacht Lärm, indem er beispielsweise Türen lautstark zuschlägt oder schreit.

Körperliches Drohen: Der Betroffene zeigt eine eindeutige bedrohliche Tendenz gegenüber anderen.

Verbales Drohen: Der Betroffene ist verbal lautstark, er zeigt mehr als nur die erhobene Stimme. Er demonstriert eine klare Absicht, einen anderen einzuschüchtern, indem er etwa Drohungen ausspricht.

Angriffe auf Gegenstände: Der Betroffene handelt gegenüber einem Gegenstand aggressiv, zum Beispiel durch Treten gegen Mobiliar.

Für die praktische Anwendung empfehlen die Autoren der Brøset-Gewalt-Checkliste eine Einschätzung bei allen Betroffenen unmittelbar im Rahmen der Aufnahmesituation, am Aufnahmetag und an den folgenden drei Tagen jeweils zwischen 10 und 11 sowie 17 und 18 Uhr (Almvik & Woods 1998). Statistiken belegen, dass in

den Zeiträumen vor dem Mittag- und Abendessen Aggressions- und Gewalthandlungen vermehrt auftreten.
Nach Ablauf der ersten drei Tage sollen weitere Einschätzungen erfolgen, wenn durch die Mitarbeitenden die Notwendigkeit hierzu festgestellt wird. Die Dauer dieser weiteren Erhebungen wird fallbezogen definiert.
Die sechs definierten Verhaltensweisen werden mit »1« bewertet, wenn sie seit der letzten Einschätzung beobachtet wurden, mit »0«, wenn sie nicht beobachtet wurden. Die jeweiligen Bewertungen werden summiert.
Die Brøset-Gewalt-Checkliste stößt international auf großes Interesse und wird in verschiedenen Ländern eingesetzt. Anzumerken ist, dass Studienergebnissen zufolge mit »falsch/positiven« Einschätzungen gerechnet werden muss. Dies ist unvermeidlich bei der Anwendung eines solchen Instruments. Es zeigt aber, dass das Gewaltrisiko tendenziell überschätzt wird. Während diese Tendenz in Bezug auf eine größtmögliche Sicherheit unproblematisch ist, beinhaltet sie die Gefahr ungerechtfertigter freiheitseinschränkender Maßnahmen.

HCR-20

Der HCR-20 (»historical, clinical, risk«) ist ein Instrument zur Bestimmung des Risikos für gewalttätiges Verhalten bei Menschen mit einer psychischen Erkrankung. Er umfasst zwanzig Items aus drei Bereichen. Zehn Punkte erfassen Merkmale aus der Vergangenheit (»historical«) des Betroffenen, die in empirisch gesicherter Beziehung zu gewalttätigem Verhalten stehen. Fünf weitere Aspekte greifen klinische (»clinical«) Merkmale der Gegenwart auf. Die fünf übrigen Items beschreiben zukünftig mögliche Risikobereiche (»risk«).
Anhand der klinischen und zukünftig möglichen Risikobereiche lässt sich der Behandlungsfortschritt messen.
Die Verlässlichkeit des Instruments wurde unter anderem im Rahmen einer Studie belegt: Bei einer Stichprobe von 220 Betroffenen

ließ sich eine gute Vorhersage gewalttätigen Verhaltens innerhalb der forensisch-psychiatrischen Einrichtung erreichen. Leichte Aggressivität konnte etwas besser prognostiziert werden als schwere. Diese Tatsache kann mit einem erfolgreichen Risikomanagement der Institution erklärt werden (Müller-Isberner & Eucker 2012).
In der klinischen Praxis hat der Einsatz des HCR-20 zu mehr Struktur und Transparenz sowie zu einer nachvollziehbareren und klareren Ausrichtung der Behandlung auf bestehende Restrisiken geführt.
Im Einzelnen umfasst der HCR-20 folgende Items: Merkmale aus der Vergangenheit (H = historisch), die nachweislich in Zusammenhang zu gewalttätigem Verhalten stehen, werden in zehn Items erfasst:

- H 1 Gewalt/Gewalttätigkeit
- H 2 Andere antisoziale Verhaltensweisen
- H 3 Beziehungen
- H 4 Arbeit/Beschäftigung
- H 5 Substanzgebrauch
- H 6 Schwerwiegende psychische Störung
- H 7 Persönlichkeitsstörung
- H 8 Traumatische Erfahrungen
- H 9 Gewaltfördernde Einstellungen
- H 10 Ansprechen auf Behandlungs- oder Kontrollmaßnahmen

Merkmale der Gegenwart (im Rahmen des stationären Maßregelvollzugs C = klinisch) werden anhand von fünf Items berücksichtigt:

- C 1 Einsicht
- C 2 Gewalttätige Fantasien oder Absichten
- C 3 Symptome einer schwerwiegenden psychischen Störung
- C 4 Instabilität
- C 5 Ansprechen auf Behandlungs- oder Kontrollmaßnahmen

Merkmale aus dem Bereich des potenziellen zukünftigen Risikos werden in den übrigen fünf Items erfasst (R = Risiko):

- R 1 Professionelle Betreuung
- R 2 Lebenssituation
- R 3 Soziale Unterstützung
- R 4 Ansprechen auf Behandlungs- oder Kontrollmaßnahmen
- R 5 Stress oder Stressbewältigung

Zu jeder der drei Kategorien gibt es die Möglichkeit, weitere relevante Merkmale hinzuzufügen.
Der HCR-20 kann grundsätzlich immer angewendet werden, wenn eine Risikoeinschätzung für gewalttätiges Verhalten aus klinischen oder juristischen Gründen erforderlich ist. Dies kann zum Beispiel im Kontext mit Lockerungsmaßnahmen, der Behandlungsplanung oder von Prognosegutachten zur Fortdauer der Unterbringung sein.
Das Instrument kann sowohl im stationären als auch im ambulanten Setting bei Frauen und Männern angewendet werden. Es obliegt dem Beurteilenden, über den Einsatz dieses Instruments zu entscheiden.

Bedeutung protektiver Faktoren

In der psychiatrischen Versorgung findet ein zunehmender Paradigmenwechsel von defizitärer Betrachtung des Betroffenen (Pathogenese) hin zu einer ganzheitlichen Sichtweise statt (Salutogenese). Die aktuelle Entwicklung in der professionellen psychiatrischen Beziehungsgestaltung kennzeichnet sich entsprechend durch eine Beziehung mit dem Betroffenen »auf Augenhöhe«.
Bei der Einschätzung des Risikos für gewalttätiges Verhalten sollten verstärkt die Ressourcen und Schutzfaktoren des Betroffenen berücksichtigt werden. Hierdurch können positive Ansätze bei der Risikobewältigung statt nur die negativ behafteten Risikofaktoren in den Fokus gerückt werden. Die Berücksichtigung von und das

Arbeiten mit seinen Ressourcen kann dem Betroffenen helfen, eine hoffnungsvolle Perspektive zu entwickeln, die zur positiven Bewältigung seines Gewalt- und Aggressionspotenzials beiträgt. Eine wichtige Aufgabe der psychiatrisch Tätigen ist es, die Betroffenen bei der Entwicklung einer derartigen Perspektive zu unterstützen und zu fördern.

Zudem belegen Studien, dass die ausschließliche Betrachtung des Gewaltrisikos ohne Berücksichtigung protektiver Faktoren einige entscheidende Nachteile birgt, beispielsweise:

- vorurteilsbehaftete Betrachtung der Person als ganze,
- stigmatisierende Betrachtung, wodurch das Täterbild professionell sogar aufrechterhalten wird.

Vor allem bei Untergebrachten, die eine ungünstige Legalprognose aufweisen, wird diese negativistische und pessimistische Haltung durch die Vernachlässigung der Schutzfaktoren forciert.

Die Relevanz der Berücksichtigung protektiver Faktoren bei der Risikoeinschätzung von gewalttätigem Verhalten wird von vielen Forschungsergebnissen unterstrichen, eines ist beispielsweise, dass Risikoeinschätzungen ohne Bezug auf protektive Faktoren von sich aus falsch bzw. ungenau sind: »Risk-only evaluations are inherently inaccurate« (Rogers 2000). Laut einer weiteren Studie können Schutzfaktoren ein Grund für ausbleibendes gewalttätiges Verhalten sein bei jenen Betroffenen, die ansonsten ein hohes Risiko für dieses Verhalten aufweisen (DeMatteo u.a. 2005). Zudem wurde dort belegt, dass eine Reduzierung des Gewaltrisikos auch auf eine Stärkung der protektiven Faktoren basieren kann und nicht zwingend einhergehen muss mit einer Abschwächung der Risikofaktoren.

Um einer einseitig negativen Sichtweise vorzubeugen, die letztendlich sowohl die Behandlung als auch die Beziehungsgestaltung zwischen Betroffenen und Behandelnden beeinflusst, und unter Berücksichtigung der aktuellen Forschungsergebnisse ist es unbedingt notwendig, protektive Faktoren bei der Risikoeinschätzung zu berücksichtigen.

Ein Instrument, das der Erfassung von Schutzfaktoren bei Menschen mit einem Risiko für gewalttätiges Verhalten dient, ist das SAPROF (Structured Assessment of Protective Factors for Violence Risk; deutsch: Leitlinien für die Erfassung von protektiven Faktoren bei einem Risiko für gewalttätiges Verhalten). Es wurde in den Niederlanden in einer forensischen Einrichtung vor dem Hintergrund entwickelt, dass die dort Tätigen Bedarf an einer Handreichung zur Erhebung von Ressourcen und Schutzfaktoren bei ihren Untergebrachten hatten. Das SAPROF soll zu einem ausgewogeneren Gesamtbild bei der Risikoeinschätzung für zukünftiges gewalttätiges Verhalten beitragen und ist eine Checkliste zur standardisierten und strukturierten Erfassung protektiver Faktoren. Dem Begriff »protektiver Faktor« liegt die folgende Definition zugrunde: »Ein protektiver Faktor ist ein Merkmal einer Person, seiner Umwelt oder Situation, welches das Risiko von zukünftigem gewalttätigem Verhalten mindert« (Vogel u.a. 2009, eigene Übersetzung).

SAPROF ↴

Das SAPROF umfasst 17 Items. Die Auswahl der Items wurde zum einen auf der Grundlage wissenschaftlicher Erkenntnisse ausgewählt, zum anderen aufgrund der klinischen Erfahrung forensischer Experten.

Es besteht die Möglichkeit, weitere Items mit in die Beurteilung aufzunehmen, wenn der Beurteilende diese Faktoren in einem bestimmten Fall als schützend bewertet. Einige Experten sind beispielsweise der Meinung, dass ein hohes Selbstwertgefühl als Schutzfaktor anzusehen ist, wohingegen wissenschaftliche Erkenntnisse nahelegen, dass dies einen Risikofaktor darstellt.

Die Autoren des SAPROF haben die Items bewusst so formuliert, dass sie relativ leicht verständlich sind. Sie sind in drei Kategorien unterteilt:

Das sind zum einen die *internalen Items*, die sich auf jene individuellen Eigenschaften des Betroffenen beziehen, die eine schützende Wirkung vor zukünftigem gewalttätigen Verhalten beinhalten. Diese Items beziehen sich auch auf biografische und auf dynamische Charakteristiken des Betroffenen, zum Beispiel ob es in der Kindheit eine Person gegeben hat, zu der eine sichere Bindung bestand, oder ob derjenige Empathie für seine Mitmenschen aufbringen kann oder eher nicht.

Die zweite Kategorie bilden *motivationale Items*, die sich auf diejenigen protektiven Faktoren beziehen, die aus der Motivation, ein »nützliches Mitglied der Gesellschaft« sein zu wollen, rühren. Dieses Motiv ist bei vielen Untergebrachten nicht stark ausgeprägt. Zu dieser Kategorie gehört beispielsweise die Frage, ob der Betroffene einer Arbeit nachgeht, die für ihn protektiv ist. Bei einem spielsüchtigen Mann etwa wäre eine Arbeit in einer Gaststätte, in der Spielautomaten stehen, nicht sonderlich sinnvoll, auch wenn es zunächst positiv erscheinen mag, dass er eine Arbeitsstelle gefunden hat und über ein Einkommen verfügt. Weitere Beispiele aus dieser Kategorie sind die Motivation, aktiv an der Behandlung teilzunehmen, oder Freizeitaktivitäten, die dem Betroffenen viel bedeuten.

Die letzte Kategorie bilden *externale Items*, die sich auf den Schutz von außen beziehen. Sie beinhalten sowohl freiwillig angenommene Schutzfaktoren als auch auferlegte. Hierunter fallen Fragen danach, ob der Betroffene professionelle Hilfe erhält, ob sein soziales Netzwerk als Schutzfaktor anzusehen ist oder ob die Wohnsituation gesichert ist.

Die einzelnen Items des SAPROF sind mit evidenzbasierter Begründung in das Instrument aufgenommen worden, es gibt also für jeden Punkt wissenschaftliche Belege dafür, dass sie für sich genommen mit einer gewissen Wahrscheinlichkeit protektiv wirken im Hinblick auf den Rückfall in gewalttätiges Verhalten. Inwieweit ein Instrument, das mehrere dieser Faktoren abgestimmt auf die Umstände des Maßregelvollzugs beinhaltet, zuverlässig ist, muss noch erforscht werden; erste Erkenntnisse sind bisher vielversprechend.

In der Praxis sollte das SAPROF im Konsensverfahren im Team erfasst und besprochen werden. Das bedeutet, dass jeweils die Bezugspflegekraft, der Bezugstherapeut und eine Fachperson, die nicht an der Behandlung beteiligt ist, den Bogen zunächst jeder für sich ausfüllt und er anschließend gemeinsam ausgewertet wird. Die Bezugspflegekraft sollte den SAPROF-Bogen gemeinsam mit dem Betroffenen ausfüllen und der Konsensbogen später mit ihm besprochen werden – im Sinne der Recoveryorientierung wäre sogar die Einbeziehung des Betroffenen in die Konsenssuche wünschenswert.

Die Gesamtbeurteilung der Erhebung sollte nicht im Rahmen einer abschließenden Beurteilung im Sinne einer Verrechnung der Punkte erfolgen. Vielmehr wird eine Interpretation der Erfassung empfohlen, die die Gesamtbeurteilung abbildet. Auch in der Dokumentation sollte kein bloßer Punktwert festgehalten werden, sondern eine eindeutige Umschreibung der relevanten Items und der Gesamtbeurteilung. Diese Interpretation und Umschreibung, fundiert auf fachlichen Erkenntnissen und Eindrücken der Mitarbeitenden sowie der eigenen Einschätzung des Betroffenen, bietet eine genauere Abbildung als ein bloßer Punkt- oder Zahlenwert, geht es hier doch um einen komplexen Sachverhalt, bei dem oft auch Erkenntnisse und Informationen eine Rolle spielen, die »zwischen den Zeilen« stehen oder auf einem – fachlich begründeten – Eindruck gründen.

Die anhand des SAPROF definierten Schlüssel (als besonders hoch zu wertende protektive Faktoren) und Ziele (die der Betroffene möglichst erreichen soll/möchte) können in die Therapie- und Eingliederungsplanungen aufgenommen werden und bieten auch eine gute Grundlage für die Pflegeplanung.

Eine Wiederholung der Einschätzung in regelmäßigen Abständen wird von den Autoren empfohlen. In der Praxis hat sich die Erfassung mittels des SAPROF im Zusammenhang mit regelmäßig stattfindenden Therapie- und Eingliederungsplanungen bewährt.

MERKE → **Die Einschätzung des Risikos gewalttätigen Verhaltens und die Prognose bezüglich weiterer Delikte sind zentrale Punkte der Arbeit im Maßregelvollzug. Hierzu stehen als Hilfsmittel zahlreiche standardisierte und wissenschaftlich belegte Instrumente und Skalen zur Verfügung. Aus den Ergebnissen dieser Einschätzung lassen sich individuelle Ziele und Maßnahmen zur weiteren Gefährlichkeitsreduktion ableiten.**

Gruppenarbeit

Aus wissenschaftlicher Sicht definieren sich Gruppen dadurch, dass sie eine gemeinsame Aufgabe und/oder ein gemeinsames Ziel haben, dass es die Möglichkeit der direkten Kommunikation der Mitglieder untereinander gibt und dass sie eine gewisse »Lebensdauer« (drei Stunden bis zu mehreren Jahren) haben. Als Kleingruppe wird eine Größe von drei bis etwa zwanzig Mitgliedern definiert, ab zwanzig Personen handelt es sich um eine Großgruppe.

Neben diesen Aspekten definieren Gruppen mit der Zeit ein Zugehörigkeitsgefühl, einen Zusammenhalt. Sie entwickeln ein System gemeinsamer Normen und Werte als Grundlage der Kommunikation und Interaktion. Außerdem entsteht ein Geflecht aufeinander bezogener sozialer Rollen, die auf das Gruppenziel ausgerichtet sind. Welche Bedeutung haben Gruppen für die Arbeit im Maßregelvollzug?

In der psychiatrischen Versorgung stellen Gruppen und die aus ihnen resultierenden Dynamiken und Prozesse einen Schwerpunkt der professionellen Arbeit dar. Dies gilt auch für die forensische Psychiatrie. Gruppen können gezielt und bewusst zusammengestellt werden, beispielsweise bei der Clusterung von Behandlungseinheiten nach Krankheitsbildern oder der Auswahl der Teilnehmenden für gruppentherapeutische Angebote wie das Soziale Kompetenztraining. Sie können sich jedoch auch aus den gegebenen Umständen entwickeln, wenn etwa ein neu Untergebrachter auf einer Station in die Gemeinschaft aufgenommen wird.

Ein gesichertes Grundwissen über Gruppenprozesse und -dynamiken ist für die psychiatrisch Tätigen von elementarer Bedeutung.

Gruppenprozesse und Gruppendynamik

Prozesse innerhalb einer Gruppe umfassen auch die *Entwicklung* der Gruppe: die Verteilung der Rollen unter den Mitgliedern, Definition von Zielen und Aufgaben, die Bildung der Normen und Regeln, die Gestaltung der Gruppenkultur, die Machtverteilung, die Aufnahme neuer Mitglieder, Umgang mit Dritten und anderen Gruppen. Jedes aktive Handeln eines Gruppenmitglieds ist Teil eines dynamischen Prozesses.

In der forensischen Psychiatrie stellen Gruppenprozesse und -dynamik sowohl Herausforderung als auch Chancen des aktiven Gestaltens dar: die Verweilzeiten von meistens mehreren Jahren, die unfreiwillige Unterbringung und damit auch oft unfreiwillige Gruppenzugehörigkeiten, die mittel- bis langfristige Zwangsgemeinschaft der Untergebrachten und Mitarbeitenden, die weitestgehende Aufhebung der Trennung von Wohnen, Arbeit und Freizeit, die mitunter totale Beobachtung und die »totale Therapeutisierung« des Alltags.

Diese totale Therapeutisierung zeigt sich beispielsweise, wenn ein Untergebrachter zusammen mit anderen Fußball im Fernsehen ansieht und er aufgrund des schlechten Spiels seines Lieblingsvereins lautstark flucht und verbal über die Stränge schlägt – dann wird dies durch die Mitarbeitenden vielfach in der Dokumentation festgehalten, nicht selten mit der Aussage, dass der Untergebrachte angespannt gewesen sei und sich unangemessen verhalten habe. Würde dieses Verhalten von einem Nichtuntergebrachten außerhalb des therapeutischen Settings des Maßregelvollzugs gezeigt werden, beispielsweise im Stadion, in einer Kneipe oder in so manchem Wohnzimmer, wäre es in der Regel nicht weiter auffällig – unter Umständen völlig normal, wenn nicht sogar sozial erwünscht.

Bei der Arbeit mit Gruppen muss außerdem berücksichtigt werden, ob ein Betroffener aufgrund der Ausprägung seiner Erkrankung oder seines Sozialverhaltens überhaupt gruppenfähig ist. Die Untergebrachten befinden sich jeweils in ihrer ganz individuellen Entwicklung der Erkrankung und Unterbringung, wenn sie sich in einer Gruppe bewegen: Manche habe bereits viel Erfahrung mit (therapeutischen) Gemeinschaften, sind Experten in ihrer eigenen Angelegenheit. Andere sind erstmalig in einer derartigen Gemeinschaft und haben wenig Wissen über ihre Erkrankung und die Unterbringung. Hier müssen die im Maßregelvollzug Tätigen oft Interventionen anbieten, damit der Einzelne erst einmal gruppenfähig wird, insbesondere wenn es um spezifische therapeutische Gruppenangebote geht. Aber auch im Alltag innerhalb der Behandlungseinheit kann dies der Fall sein, zum Beispiel wenn es um gemeinsame Freizeitaktivitäten oder die Einnahme von Mahlzeiten in der Gemeinschaft geht.

Diese Besonderheiten gilt es unter anderem im Umgang und bei der Arbeit mit Gruppen zu berücksichtigen und gegebenenfalls durch Angebote und Interventionen seitens der Mitarbeitenden zu steuern bzw. zu ändern im Sinne der übergeordneten Ziele des Maßregelvollzugs, nämlich der Besserung und Sicherung. Ist doch ohne eine gewisse grundlegende Kompetenz, sich in Gruppen aufzuhalten, einzubringen und zu verhalten, eine Integration der Betroffenen in die Gemeinschaft außerhalb der Maßregelvollzugseinrichtung nicht möglich.

Gruppen im Kontext des Maßregelvollzugs können grob in drei Kategorien unterteilt werden:

1. sich selbst unorganisiert gestaltende Gruppen seitens der Untergebrachten, zum Beispiel beim gemeinsamen Rauchen,
2. seitens der Mitarbeitenden bewusst gestaltete Gruppen, beispielsweise im Rahmen einer Kochgruppe oder der sozio- oder milieutherapeutischen Angebote,
3. sich selbst organisierende Gruppen im Rahmen der Selbsthilfe (Peergruppen); ein Beispiel hierfür ist eine motivierende Orientierungsgruppe.

Hintergrund dieser letzten Kategorie ist, dass Untergebrachte im gemeinsamen Austausch Behandlungs- und Therapieinhalte besprechen. Zumeist finden diese Gespräche unstrukturiert und ungeplant im Rahmen des Ausgangs statt. Die Inhalte dieser Gespräche erweisen sich in der Praxis vielfach als sehr hilfreich und nützlich; Untergebrachte berichten, dass sie hierdurch zum Beispiel motiviert wurden, therapeutische Angebote anzunehmen.

Aus diesen sich spontan entwickelnden Gesprächen lässt sich ein strukturiertes Gruppenangebot ableiten. Dann werden die Betroffenen verschiedener Behandlungs- und Lockerungsstadien gezielt dazu eingeladen, gemeinsam in einen Austausch zu treten. Vorzüge und Nachteile einzelner Behandlungsabschnitte, Lockerungsstufen und therapeutischer Angebote können hierbei im Rahmen der Selbsthilfe ausgetauscht und diskutiert werden.

Aufgabe der professionell Tätigen ist dabei die Schaffung und Gestaltung der notwendigen Rahmenbedingungen wie die Bereitstellung der zeitlichen und räumlichen Ressourcen. Darüber hinaus nehmen sie an Angeboten dieser Form als anwesende Zuhörer teil, sie können sich gleichberechtigt mit den übrigen Teilnehmern einbringen und haben im Bedarfsfall die Aufgabe, ordnend einzugreifen, zum Beispiel in Krisensituationen. Die Themenschwerpunkte werden innerhalb der Gruppe durch die Untergebrachten festgelegt; durch die Mitarbeitenden erfolgen keine Vorgaben, außer wenn dies in Bezug auf Sicherheit und Ordnung des gemeinschaftlichen Zusammenlebens notwendig ist.

MERKE → **Die Gruppenarbeit stellt im Maßregelvollzug ein wichtiges therapeutisches Mittel dar: Sie kann bei den Betroffenen viele (soziale, kommunikative) Kompetenzen fördern, den Charakter der Selbsthilfe stärken (Betroffene unterstützen und beraten sich untereinander) sowie zur gruppendynamischen Arbeit genutzt werden.**

Einbeziehung der Angehörigen

Die Pflegenden in den Maßregelvollzugseinrichtungen haben nicht nur zu den Untergebrachten den engsten Kontakt, sie sind auch für die Angehörigen die am ehesten erreichbaren Ansprechpartner in der Einrichtung. Sie wissen, wie es den Betroffenen geht, können in Konfliktsituationen zwischen dem Betroffenen und seinen Angehörigen vermitteln und haben eine Vorstellung davon, welche Hilfe der Betroffene benötigt.

Im Interesse der Behandlung kommt es daher auf eine Atmosphäre des Vertrauens und des gegenseitigen Respekts zwischen den Pflegenden und den Angehörigen an. Die Angehörigen wollen sich willkommen fühlen, die Pflegenden sich in ihrem Bemühen um den Betroffenen anerkannt sehen. Die Berücksichtigung folgender Punkte kann dazu beitragen, das wechselseitige Verständnis zu wecken und zu fördern:

1. Die im Verhältnis zur Allgemeinpsychiatrie langen Verweilzeiten in der forensischen Psychiatrie ermöglichen eine gründliche Therapie und die Entwicklung eines wechselseitigen Vertrauens nicht nur der Betroffenen untereinander, sondern auch der sich kümmernden Angehörigen zu Therapeuten und Pflegenden. Dies gilt es im Interesse aller Beteiligten zu nutzen (Einbeziehung der Angehörigen in Behandlung, Förderung des Kontakts zur Außenwelt, Entlassvorbereitung, Nachsorge).
2. Angehörige sind immer »mitbetroffen«, allein schon von der Krankheit, nun auch noch von der Straffälligkeit des Kranken. Sie fühlen sich, besonders in der ersten Zeit, hilflos und wissen nicht,

wie sie sich verhalten sollen. Diesem Hilfebedarf ist Rechnung zu tragen durch Zuwendung, Informationen und Gespräche. Hierbei kommt den Pflegenden eine Schlüsselrolle zu, denn sie haben den Kontakt zu anrufenden und besuchenden Angehörigen.

3. Angehörige fühlen sich der Institution Maßregelvollzug ausgeliefert, je nach Persönlichkeit reagieren sie mit Scheu, Ängsten, Misstrauen oder auch Aggressivität auf diese Situation. Wichtig ist daher ein positives Empfangsklima, ein fühlbares Verständnis für die Ausnahmesituation der Angehörigen, um dem entgegenzuwirken.
4. Die Arbeit der Pflegenden in der forensischen Psychiatrie ist anspruchsvoll und belastend, dies muss gewürdigt werden. Dazu gehört eine angemessene Personalausstattung und Bezahlung. Die Pflegenden müssen für ihre Aufgaben entsprechende Handlungsspielräume zum Umgang mit den Angehörigen erhalten (insbesondere für Auskünfte und Gespräche im Rahmen von Datenschutz und Schweigepflicht).
5. Wechselseitige Vorurteile und Misstrauen beruhen sehr oft auf mangelndem Wissen über die Sorgen, Nöte und Zwänge der jeweils anderen Seite – Mitarbeitende der Klinik und Angehörige müssen mehr über die jeweiligen Befindlichkeiten wissen (Perspektivwechsel). Daher sollte die Angehörigenarbeit Gegenstand von Aus- und Fortbildung der Pflege werden.

Angehörige sind immer beides: »Störfaktor« und Ressource. Was im Einzelfall zutrifft, hängt wesentlich davon ab, wie der erste Kontakt zur Klinik gestaltet wurde, ob sich die Angehörigen abgelehnt oder angenommen fühlten. Zeit, die hierauf verwendet wird, kann später Zeit einsparen, die es kostet, sich mit Vorurteilen, Misstrauen und Kritik von sich unverstanden fühlenden Angehörigen auseinandersetzen zu müssen. Das nutzt allen!

Angehörigeninformation

Um den Einbezug der Angehörigen sowie die Unterbringung und Behandlung effektiv und gewinnbringend für alle Beteiligten zu gestalten, sollte seitens der im Maßregelvollzug Tätigen eine frühzeitige, umfangreiche und wohlwollend-offene Informationsarbeit für Angehörige betrieben werden. Diese kann auf vielfältige Art und Weise stattfinden.

Einzelgespräche

Wenn Angehörige zum ersten Besuch in die Einrichtung kommen, wird vielfach ein Erstgespräch mit ihnen geführt. Hierbei wird über die besonderen Sicherheitsbedingungen und die damit verbundenen Verhaltensweisen informiert. Ebenfalls werden (un-)erwünschte Verhaltensweisen erläutert sowie Informationen zum Mitbringen von Gegenständen in die Einrichtung gegeben. Neben diesen Standardinformationen hat es sich in der Praxis bewährt, auch auf die Fragen, Anliegen, Sorgen und Befürchtungen der Angehörigen einzugehen. Offenheit, Zeit und Geduld haben hier einen hohen Stellenwert. Auch die Kenntnis über kulturelle Unterschiede, Gebräuche und Besonderheiten bei Besuchern aus anderen Kulturkreisen ist hierbei von Belang, um angemessen auf Angehörige eingehen zu können. Der Aspekt, dass viele zuvor keine Berührung mit der Psychiatrie hatten und erst recht nicht mit dem Maßregelvollzug (doppelte Stigmatisierung – psychisch erkrankt und Rechtsbrecher) erfordert oft eine behutsame Herangehensweise. Außerdem sind viele Angehörige selbst Opfer ihres Familienmitglieds oder Freundes geworden, waren mit dem Delikt vielleicht sogar verstrickt. Darüber hinaus gilt es, auf eine alltagsnahe und verständliche Sprache zu achten. Fachspezifische Fremdwörter sind zu vermeiden, es hat sich in der Praxis gezeigt, dass diese von den Angehörigen oft nicht oder gar falsch verstanden werden. Auch viele Rechtsbegriffe müssen erläutert werden.

Dem Einbezug von Angehörigen (Freunde einbegriffen) geht stets voraus, dass dies im Interesse aller Beteiligten, insbesondere also des Untergebrachten, und aus fachlicher Sicht nicht kontraindiziert ist. Hier wäre beispielsweise an Angehörige eines Betroffenen zu denken, der aufgrund einer Abhängigkeitserkrankung untergebracht ist, dessen Lebensgefährtin Drogen konsumiert und das Milieu in Gesprächen mit ihrem Partner weiterhin verherrlicht. Oder an einen Untergebrachten mit einem sexuell orientierten Delikt, der häufig wechselnde Freundinnen hat, die er über Telefonhotlines »kennenlernt« und deren Besuch er wünscht.

Angehörigengruppen

Die Gruppenarbeit mit Angehörigen ist eine weitere Möglichkeit, diese mit in den Behandlungsprozess einzubeziehen. Oft werden Angehörige aus dem therapeutischen Prozess ausgeschlossen, ihnen wird wenig Mitsprache zuteil, sie werden mitunter sogar »mitschuldig« gemacht an der Entstehung der Krankheit und der Verübung des Delikts.

Da diese Umstände und Bedingungen, in unterschiedlichen Ausprägungen, auf eine große Zahl der Angehörigen psychisch erkrankter Menschen zutrifft, kann es sinnvoll erscheinen, sich den Angehörigen in Form der Gruppenarbeit zu nähern. Sowohl für die Angehörigen als auch für die professionell Tätigen bietet dies viele Vorteile. Betrachtet man zunächst die Seite der Angehörigen, erleben die Teilnehmer dieser Gruppen, dass sie nicht allein dastehen. Sie können sich mit anderen Angehörigen über ihre Situation, ihre Sorgen und ihre Ängste und Befürchtungen austauschen. Darüber hinaus können sie voneinander lernen (auch die Mitarbeitenden können dies). Für die Gestaltung der Angehörigengruppen empfiehlt sich – je nach dem thematischen Schwerpunkt der einzelnen Termine – eine interdisziplinäre Begleitung.

So kann der Sozialdienst der Klinik zu speziellen und seine Aufgabengebiete betreffenden Themen sprechen: den Möglichkeiten der finanziellen Unterstützung nach Entlassung aus dem Maßregel-

vollzug, Maßnahmen zur Wiedereingliederung etc. Der ärztliche Dienst kann beispielsweise zur Bedeutung der medikamentösen Therapie und deren verschiedenen Darreichungsformen referieren. Die Pflegenden schließlich können den Angehörigen Möglichkeiten aufzeigen, wie sie die Untergebrachten bei der Bewältigung ihrer Erkrankung im Alltag unterstützen können.
Als hilfreich hat sich erwiesen, wenn die Angehörigen die Möglichkeit erhalten, ihre Fragen und Anregungen vor den Treffen mitzuteilen, sodass sich die jeweilige Berufsgruppe vorbereiten und an den Terminen speziell dazu Stellung nehmen kann.

Info-Broschüren

Eine weitere Möglichkeit der Angehörigeninformation und -einbeziehung ist eine Informationsbroschüre. Diese kann alle wichtigen Hinweise etwa zur Art der Einrichtung, zu notwendigen Sicherheitsmaßnahmen, zu erlaubten und unerlaubten Gegenständen, Besuchszeiten, Ansprechpartner und wichtige Telefonnummern enthalten. Angehörigenvertreter können, sofern gewünscht, bereits bei der Entwicklung der Broschüre und hinsichtlich der inhaltlichen Ausgestaltung einbezogen werden.

Angehörigenvisite

Im Verlauf der Behandlung treten auch bei den Angehörigen immer wieder neue Fragen, Anliegen und Problemstellungen auf. Im Alltag kommen diese häufig zu kurz. Gleichzeitig bestehen innerhalb der Therapie- und Behandlungsplanung durch die Behandelnden oftmals auch Berührungspunkte zu den Angehörigen, zum Beispiel wenn das Delikt im Familienrahmen stattgefunden hat, die Angehörigen sich intensiv kümmern während der Zeit der Unterbringung oder nach der Entlassung den Betroffenen wieder bei sich aufnehmen wollen. Durch den Einbezug der Angehörigen in die Behandlungs- und Therapieplanung, beispielsweise in Form einer vorher mit allen Beteiligten besprochenen und vereinbarten Teilnahme an einer Visite, können diese Themen angesprochen und bearbeitet werden.

Siehe zum Thema Angehörige in der forensischen Psychiatrie auch die Initiative »Forensik – Hilfe für Angehörige von Forensik-Patienten« unter: www.psychiatrie.de/bapk.

MERKE → **Der Einbezug des sozialen Umfelds »draußen« in die Behandlung ist so gut wie immer ein wichtiges Element im Rahmen der Entlassplanung und -perspektive für den Betroffenen – stellt dieses Umfeld doch in der Regel den »sozialen Empfangsraum« nach der Unterbringung dar.**

Der Maßregelvollzug im Diskurs

Der Maßregelvollzug ist ein Ort, der von Vorurteilen und Mythen in der Öffentlichkeit geprägt ist wie kaum ein anderer. Der Fokus von Politik, Medien und Öffentlichkeit richtet sich regelhaft dann auf die forensische Psychiatrie, wenn negative Ereignisse eingetreten sind wie Entweichungen. Positive Aspekte und Erfolge in der Behandlung und Unterbringung werden selten bis gar nicht wahrgenommen. Die Gründe hierfür sind vielfältig. Einer ist vermutlich, dass negative Ereignisse zum einen medienwirksamer darzustellen sind, der Öffentlichkeit kann dann etwas Spektakuläres (zumindest scheinbar) präsentiert werden. Dass eine Fahndung durch die Einrichtung zum Beispiel auch herausgegeben wird, wenn ein Betroffener auf dem Rückweg von einem Verwandtenbesuch den Zug verpasst hat und er sich aus diesem Grund verspätet, und zwar völlig ohne Zwischenfälle, findet in der Öffentlichkeit keine Beachtung.

Zum anderen werden durch negative Begebenheiten Vorurteile, die vielfach gegenüber dem Maßregelvollzug und den dort Untergebrachten herrschen, (scheinbar) zunächst pauschal bestätigt, zum Beispiel, dass die Untergebrachten durchweg gefährlich sind, weggesperrt gehören, die Sicherheitsauflagen hoch sein müssen in den Einrichtungen und dass Sicherheit vor Rehabilitation zu stellen ist.

Positive Ergebnisse und Erfolge während der Unterbringung und Behandlung sind in der Regel nicht derart öffentlichkeitswirksam, sie sind zudem eher kleinschrittig, individuell und für außenstehende Nichtfachpersonen wenig interessant, da zum einen fachliche Hintergründe fehlen und zum anderen keine (direkte oder indirekte) Betroffenheit vorliegt.

Das Bild des Maßregelvollzugs in der Öffentlichkeit wird nicht zuletzt durch die dort Tätigen geprägt. Sie repräsentieren die forensische Psychiatrie auf vielfältige Weise nach außen, dies reicht von Gesprächen mit Kollegen aus anderen Fachabteilungen oder Einrichtungen über Beiträge auf Fachtagungen oder Kongressen bis hin zu Gesprächen in der Familie oder unter Freunden. Auch Beiträge privater und/oder öffentlicher Natur in sozialen Medien können eine Rolle spielen. Wenn zum Beispiel ein Mitarbeitender nach Feierabend seiner Familie berichtet, dass die Untergebrachten in seinen Augen »alle Verbrecher und Schmarotzer sind, die auf Kosten der Steuerzahler ein gemütliches Leben in der Einrichtung führen und in ihrem Leben nichts auf die Reihe kriegen«, dann lässt sich leicht ausdenken, wie sich diese Sichtweise potenzieren kann. Es ist zu befürchten, dass die Familienmitglieder dieses Bild aufgrund mangelnder eigener Kenntnisse und Erfahrungen übernehmen und unter Freunden und Bekannten verbreiten. Auf diese Weise entstehen verhängnisvolle Verkettungen durch das Zusammentreffen einseitiger falsch-negativer Darstellung des Maßregelvollzugs, von Vorurteilen, Mythen, Ressentiments und fehlenden fachlichen Kenntnissen über die forensische Psychiatrie. Diese Verkettung bewirkt und verstärkt die fortdauernde Stigmatisierung des gesamten Systems des Maßregelvollzugs, der Untergebrachten, ihrer Angehörigen und der Mitarbeitenden.

Mitarbeitende im Maßregelvollzug können einen wichtigen Beitrag dazu leisten, diesen Kreislauf zu durchbrechen und im Rahmen der individuellen Möglichkeiten zu einem realistischen Bild in der Öffentlichkeit beizutragen. In der folgenden Schlussbemerkung wollen wir exemplarisch einige Aspekte aufgreifen, die einen Beitrag zu einem realistischen Bild leisten können.

Entwicklung ist möglich – Schlussbemerkung

Der Maßregelvollzug gehört zu den vorurteilsbehaftetsten Bereichen in den medizinisch-psychiatrischen und juristischen Fachgebieten, kaum ein anderer ist so sehr von Stigmatisierung, von Vorurteilen und Mythen durchdrungen. Dies gilt nicht nur für die breite Öffentlichkeit und die Medien, sondern durchaus auch für die Fachwelt der beteiligten Disziplinen. Dies wird beispielhaft durch folgende Zitate von Mitarbeitenden (die, zugegeben, nicht gerade als Vorbild dienen) deutlich: »Die sind ja nicht umsonst hier, da kann man ruhig ein paar Tage verstreichen lassen.« Oder: »Forensik – die sind dort alle gefährlich. Da muss man schnell handeln. Nicht immer dieses Gerede, wie ihr das macht.« Oder auch: »Wenn ich einen Betroffenen im 1:1-Verhältnis betreuen soll, dann spiele ich am PC oder lese etwas.«

Durch die Lektüre dieses Buches soll der Blick auf die forensische Psychiatrie und die Praxis im Maßregelvollzug neu ausgerichtet werden: Die Arbeit in diesem Setting verlangt von den dort Tätigen eine hohe Verantwortung und ein großes Maß an Handlungs-, Fach- und sozialer Kompetenz, die vielfach eben nicht oder nicht korrekt genug wahrgenommen wird. Die forensische Psychiatrie ist ein interessanter und herausfordernder Arbeitsplatz – intensive psychiatrische Beziehungsarbeit ist nicht nur möglich, sondern aufgrund der oftmals schwer- und mehrfachkranken Klientel auch gefordert. Den Mitarbeitenden bietet sich hierbei ein inhaltlicher Gestaltungsspielraum (innerhalb der gegebenen Rahmenstrukturen) an, der genutzt werden sollte.

Es gilt stets, in Anbetracht der teils schwierigen Bedingungen (Unterbringungsdauer, Schwere der Erkrankung und der Delikte, sonstiger Kontext) einen therapeutischen Negativismus zu vermeiden, insbesondere durch eine ganzheitliche Betrachtung der Betroffenen sowie durch die Aufrechterhaltung von Hoffnung und Perspektiven (was in der Umkehr auch dem Selbstschutz der Mitarbeitenden vor Burn-out dient).

Als letzter Punkt hinsichtlich der nötigen Neuausrichtung unseres Blicks auf den Maßregelvollzug ist festzuhalten: Der Einbezug der Betroffenen als Subjekte in den Therapie- und Behandlungsprozess sowie in die Ausgestaltung der Unterbringung ist auch unter den gegebenen Rahmenbedingungen möglich!

Gelingt es den im Maßregelvollzug Tätigen, diesen Paradigmenwechsel zu vollziehen und in seinen Inhalten zu gestalten, dann kann dies für das System Maßregelvollzug eine Neujustierung und »Entstigmatisierung« bedeuten. Nicht zuletzt unter Berücksichtigung der sich durch die anstehende Maßregelvollzugsgesetzreform anbahnenden Veränderungen stellt dies eine große Chance dar, die es zu nutzen gilt. Und zuweilen begegnen wir dabei Menschen, denen wir vielleicht kaum noch etwas zugetraut hatten, die aber plötzlich Entwicklungen vollziehen (vielleicht im Sinne einer »Nachreifung«), die uns schwer beeindrucken, auch wenn dabei immer noch kein Leben im »bürgerlichen« Selbstverständnis herauskommen mag.

Literatur

ALMVIK, R.; WOODS, P. (1998): The Brøset Violence Checklist (BVC) and the prediction of inpatient violence: Some preliminary results. In: *Psychiatric Care*, 5, 6, S. 208–211.

AMERING, M.; SCHMOLKE, M. (2012): Recovery. Das Ende der Unheilbarkeit. Köln.

ANTHONY, W. A.(1993): Recovery from mental illness: The guiding vision of the mental health service system in the 1990s. In: *Psychosocial Rehabilitation Journal*, 16, 4, S. 11–13.

BARKER, P.; BUCHANAN-BARKER, P. (2013): Das Gezeiten-Modell. Der Kompass für eine recovery-orientierte, psychiatrische Pflege. Bern.

BULECHEK, G. M.; BUTCHER, H. K.; DOCHTERMAN, J. M.; WAGNER, C. M. (Hg.) (2015): Pflegeinterventionsklassifikation (NIC). Bern.

BOCK, T.; KLAPHEK, K.; RUPPELT, F. (2014): Sinnsuche und Genesung. Erfahrungen und Forschungen zum subjektiven Sinn von Psychosen. Köln.

BURR, C. u.a. (2013) (Hg.): Recovery in der Praxis. Voraussetzungen, Interventionen, Projekte. Köln.

Dachverband Adherence (2015): www.dv-adherence.de (letzter Zugriff am 9. Dezember 2015).

DEMATTEO, D.; HEILBRUN, K.; MARCZYK, G. (2005): Psychopathy, risk of violence, and protective factors in a noninstitutionalized and noncriminal sample. In: *International Journal of Forensic Mental Health*, 4, 2, S. 147–157.

Dessecker, A. (2008): Lebenslange Freiheitsstrafe, Sicherungsverwahrung und Unterbringung in einem psychiatrischen Krankenhaus – Dauer und Gründe der Beendigung im Jahr 2006. In: www.krimz.de/fileadmin/dateiablage/forschung/texte/LF_SV_PKH_2006.pdf (letzter Zugriff am 24. Januar 2014).

Dörner, K.; Plog, U.; Teller, C.; Wendt, F. (2013): Irren ist menschlich. Lehrbuch der Psychiatrie und Psychotherapie. Köln.

Goffman, E. (1973): Asyle. Über die soziale Situation psychiatrischer Patienten und anderer Insassen. Frankfurt a. M.

Fiechtner, V.; Meier, M. (1998): Pflegeplanung. Basel.

Gray, R.; White, J.; Schulz, M.; Abderhalden, C. (2010): Enhancing medication adherence in people with schizophrenia: An international programme of research. In: *International Journal of Mental Health Nursing*, 19, S. 36–44.

Gunderson, J.G.; Will, O.A.; Moscher, L.R. (1983): Principles and practice of milieu therapy. Lanham.

Hahn, G.; Stiels-Glenn, M. (2010): Ambulante Täterarbeit. Bonn.

Hegemann, T.; Salman, R. (Hg.) (2010): Handbuch Transkulturelle Psychiatrie. Bonn.

Joecks, W.; Miebach, K. (Hg.) (2012): Münchener Kommentar zum Strafgesetzbuch. Band 2. München.

Jung, N.; Hügler, B. u. a. (2012): Forensik-Fibel. Kleines ABC des Maßregelvollzugs. Download verfügbar unter: www.zfp-web.de/uploads/media/Forensikfibel_2012_Aufl3.pdf.

Kammeier, H. (Hg.) (2010): Maßregelvollzugsrecht. Berlin.

Knuf, A. (2016): Basiswissen: Empowerment und Recovery. Köln.

Kröber, H.-L. u. a. (Hg.) (2006–2011): Handbuch der Forensischen Psychiatrie. 5 Bände. Darmstadt.

Laabdallaoui, M.; Rüschoff, S. I. (2010): Basiswissen: Umgang mit muslimischen Patienten. Bonn.

Libermann, R.P.; Kopelowicz, A. (2005): Recovery from schizophrenia: A concept in search of research. In: *Psychiatric Serv.*, 56, 6, S.735–742.

McCloskey-Dochterman, J.; Bulechek, G. (Hg.) (2015): Pflegeinterventionsklassifikation (NIC). Bern.

Moorhead, S.; Johnson, M.; Maas, M. L.; Swanson, E. (Hg.) (2013): Pflegeergebnisklassifikation (NOC). Bern.

Müller-Isberner, R.; Eucker, S. (Hg.) (2012): Praxishandbuch Maßregelvollzug. Grundlagen, Konzepte und Praxis der Kriminaltherapie. Berlin.

NANDA-International (Hg.) (2013): Pflegediagnosen. Definitionen und Klassifikation 2012–2014. Kassel.

Nedopil, N.; Müller, J. L. (Hg.) (2012): Forensische Psychiatrie. Klinik, Begutachtung und Behandlung zwischen Psychiatrie und Recht. Stuttgart.

Pauen, M.; Roth, G. (2008): Freiheit, Schuld und Verantwortung. Grundzüge einer naturalistischen Theorie der Willensfreiheit. Frankfurt a.M.

Peplau, H. E. (1952): Interpersonal relations in nursing: A conceptual frame of reference for psychodynamic nursing. New York.

Pollähne, H.; Lange-Joest, C. (Hg.) (2015): Die forensische Psychiatrie – selbst ein Behandlungsfall? Maßregelvollzug (§ 63 StGB) zwischen Reform und Abschaffung. Münster.

Rauchfleisch, U. (2013): Begleitung und Therapie straffälliger Menschen. Göttingen.

Richter, D. (2007): Patientenübergriffe. Psychische Folgen für Mitarbeiter: Theorie, Empirie, Prävention. Bonn.

Richter, D.; Berger, K. (2001): Patientenübergriffe auf Mitarbeiter. Eine prospektive Untersuchung der Häufigkeit, Situationen und Folgen. In: *Der Nervenarzt*, 72, S. 693–699.

RICHTER, D.; BERGER, K. (2009): Psychische Folgen von Patientenübergriffen auf Mitarbeiter. Prospektive und retrospektive Studienergebnisse. In: *Der Nervenarzt*, 80, S. 68–73.

RICHTER, D.; SAUTER, D. (Hg.) (1998): Gewalt in der psychiatrischen Pflege. Bern.

ROGERS, R. (2000): The uncritical acceptance of risk assessment in forensic practice. In: *Law and Human Behavior*, 24, S. 595–605.

ROGERS, C. (1983): Die klientenzentrierte Gesprächspsychotherapie. Frankfurt a.M.

ROSS, T. u.a. (2013): Rechtliche und psychosoziale Einflussfaktoren auf die Behandlungszeit von Patienten in forensisch-psychiatrischen Einrichtungen nach § 63 StGB. In: *Forensische Psychiatrie und Psychotherapie*, Werkstattschriften 20, S. 62–81.

SAUTER, D.; ABDERHALDEN, C.; NEEDHAM, I.; WOLFF, S. (Hg.) (2011): Lehrbuch Psychiatrische Pflege. Bern.

SCHALAST, N. (2013): Das soziale und therapeutische Klima auf Stationen der Allgemeinpsychiatrie und des Maßregelvollzugs unter Berücksichtigung der objektiven Rahmenbedingungen. Exposé. Download verfügbar unter: www.uni-due.de/imperia/md/content/rke-forensik/projekte/projekt_schalast_stationsklima_expose_m_rz2013.pdf.

SCHAUMBURG, C. (2010): Basiswissen: Maßregelvollzug. Bonn.

SCHMIDT-QUERNHEIM, F.; HAX-SCHOPPENHORST, T. (2008): Professionelle forensische Pflege. Behandlung und Rehabilitation im Maßregelvollzug. Bern.

STEINBÖCK, H. (2014): Der Maßregelvollzug in der Gemeinde. Lengerich.

STEINERT, T. (2008): Basiswissen: Umgang mit Gewalt in der Psychiatrie. Bonn.

TÄNZER, A. (2010): Migranten im Maßregelvollzug. In: HEGEMANN, T.; SALMAN, R. (Hg.): Transkulturelle Psychiatrie, S. 398–413.

Utschakowski, J.; Sielaff, G.; Bock, T.; Winter, A. (Hg.) (2016): Experten aus Erfahrung. Peerarbeit in der Psychiatrie. Köln.
Vogel, V. de; Ruiter, C. de; Bouman, Y.; Vries Robbé, M. de (2009): SAPROF: Guidelines for the assessment of protective factors for violence risk. English Version. Utrecht.
Volckart, B.; Grünebaum, R. (2015): Maßregelvollzug. Das Recht des Vollzuges der Unterbringung nach §§ 63, 64 StGB in einem psychiatrischen Krankenhaus und in einer Entziehungsanstalt. Köln.
Walter, G.; Nau, J.; Oud, N. (2012): Aggression und Aggressionsmanagement. Praxishandbuch für Gesundheits- und Sozialberufe. Bern.

Anhang Gesetzestexte

Aktuelle Gesetzestexte können auf der durch das Bundesministerium der Justiz und für Verbraucherschutz zur Verfügung gestellten Internetseite eingesehen werden: www.gesetze-im-internet.de.

Im Folgenden einige zentrale Passagen:

§ 20 StGB: Schuldunfähigkeit
Ohne Schuld handelt, wer bei Begehung der Tat wegen einer krankhaften seelischen Störung, wegen einer tiefgreifenden Bewusstseinsstörung oder wegen Schwachsinns oder einer schweren anderen seelischen Abartigkeit unfähig ist, das Unrecht der Tat einzusehen oder nach dieser Einsicht zu handeln.

§ 21 StGB: Verminderte Schuldfähigkeit
Ist die Fähigkeit des Täters, das Unrecht der Tat einzusehen oder nach dieser Einsicht zu handeln, aus einem der in § 20 bezeichneten Gründe bei Begehung der Tat erheblich vermindert, so kann die Strafe nach § 49 Abs. 1 gemildert werden.

§ 63 StGB: Unterbringung in einem psychiatrischen Krankenhaus
Hat jemand eine rechtswidrige Tat im Zustand der Schuldunfähigkeit (§ 20) oder der verminderten Schuldfähigkeit (§ 21) begangen, so ordnet das Gericht die Unterbringung in einem psychiatrischen Krankenhaus an, wenn die Gesamtwürdigung des Täters und seiner Tat ergibt, daß von ihm infolge seines Zustandes erhebliche rechtswidrige Taten zu erwarten sind und er deshalb für die Allgemeinheit gefährlich ist.

§ 64 StGB: Unterbringung in einer Entziehungsanstalt
Hat eine Person den Hang, alkoholische Getränke oder andere berauschende Mittel im Übermaß zu sich zu nehmen, und wird sie wegen einer rechtswidrigen Tat, die sie im Rausch begangen hat oder die auf ihren Hang zurückgeht, verurteilt oder nur deshalb nicht verurteilt, weil ihre Schuldunfähigkeit erwiesen oder nicht auszuschließen ist, so soll das Gericht die Unterbringung in einer Entziehungsanstalt anordnen, wenn die Gefahr besteht, dass sie infolge ihres Hanges erhebliche rechtswidrige Taten begehen wird. Die Anordnung ergeht nur, wenn eine hinreichend konkrete Aussicht besteht, die Person durch die Behandlung in einer Entziehungsanstalt zu heilen oder über eine erhebliche Zeit vor dem Rückfall in den Hang zu bewahren und von der Begehung erheblicher rechtswidriger Taten abzuhalten, die auf ihren Hang zurückgehen.

§ 62 StGB: Grundsatz der Verhältnismäßigkeit
Eine Maßregel der Besserung und Sicherung darf nicht angeordnet werden, wenn sie zur Bedeutung der vom Täter begangenen und zu erwartenden Taten sowie zu dem Grad der von ihm ausgehenden Gefahr außer Verhältnis steht.

§ 126 a Abs. 1 StPO: Einstweilige Unterbringung
(1) Sind dringende Gründe für die Annahme vorhanden, dass jemand eine rechtswidrige Tat im Zustand der Schuldunfähigkeit oder verminderten Schuldfähigkeit (§§ 20, 21 des Strafgesetzbuches) begangen hat und dass seine Unterbringung in einem psychiatrischen Krankenhaus oder einer Entziehungsanstalt angeordnet werden wird, so kann das Gericht durch Unterbringungsbefehl die einstweilige Unterbringung in einer dieser Anstalten anordnen, wenn die öffentliche Sicherheit es erfordert.
[…]

§ 81, Abs. 1, 2, 5 StPO: Unterbringung des Beschuldigten zur Vorbereitung eines Gutachtens
(1) Zur Vorbereitung eines Gutachtens über den psychischen Zustand des Beschuldigten kann das Gericht nach Anhörung eines Sachverständigen und des Verteidigers anordnen, dass der Beschuldigte in ein öffentliches psychiatrisches Krankenhaus gebracht und dort beobachtet wird.
(2) Das Gericht trifft die Anordnung nach Absatz 1 nur, wenn der Beschuldigte der Tat dringend verdächtig ist. Das Gericht darf diese Anordnung nicht treffen, wenn sie zu der Bedeutung der Sache und der zu erwartenden Strafe oder Maßregel der Besserung und Sicherung außer Verhältnis steht.
[...]
(5) Die Unterbringung in einem psychiatrischen Krankenhaus nach Absatz 1 darf die Dauer von insgesamt sechs Wochen nicht überschreiten.

§ 67d Abs. 1, 2 S. 1, 3, Abs. 4–6 StGB: Dauer der Unterbringung
(1) Die Unterbringung in einer Entziehungsanstalt darf zwei Jahre nicht übersteigen. Die Frist läuft vom Beginn der Unterbringung an. Wird vor einer Freiheitsstrafe eine daneben angeordnete freiheitsentziehende Maßregel vollzogen, so verlängert sich die Höchstfrist um die Dauer der Freiheitsstrafe, soweit die Zeit des Vollzugs der Maßregel auf die Strafe angerechnet wird.
(2) Ist keine Höchstfrist vorgesehen oder ist die Frist noch nicht abgelaufen, so setzt das Gericht die weitere Vollstreckung der Unterbringung zur Bewährung aus, wenn zu erwarten ist, daß der Untergebrachte außerhalb des Maßregelvollzugs keine rechtswidrigen Taten mehr begehen wird. [...]. Mit der Aussetzung nach Satz 1 oder 2 tritt Führungsaufsicht ein.
[...]

(4) Ist die Höchstfrist abgelaufen, so wird der Untergebrachte entlassen. Die Maßregel ist damit erledigt. Mit der Entlassung aus dem Vollzug der Unterbringung tritt Führungsaufsicht ein.
(5) Das Gericht erklärt die Unterbringung in einer Entziehungsanstalt für erledigt, wenn die Voraussetzungen des § 64 Satz 2 nicht mehr vorliegen. Mit der Entlassung aus dem Vollzug der Unterbringung tritt Führungsaufsicht ein.
(6) Stellt das Gericht nach Beginn der Vollstreckung der Unterbringung in einem psychiatrischen Krankenhaus fest, dass die Voraussetzungen der Maßregel nicht mehr vorliegen oder die weitere Vollstreckung der Maßregel unverhältnismäßig wäre, so erklärt es sie für erledigt. Mit der Entlassung aus dem Vollzug der Unterbringung tritt Führungsaufsicht ein. Das Gericht ordnet den Nichteintritt der Führungsaufsicht an, wenn zu erwarten ist, dass der Betroffene auch ohne sie keine Straftaten mehr begehen wird.

§ 67 e StGB: Überprüfung
(1) Das Gericht kann jederzeit prüfen, ob die weitere Vollstreckung der Unterbringung zur Bewährung auszusetzen oder für erledigt zu erklären ist. Es muß dies vor Ablauf bestimmter Fristen prüfen.
(2) Die Fristen betragen bei der Unterbringung
in einer Entziehungsanstalt sechs Monate,
in einem psychiatrischen Krankenhaus ein Jahr,
in der Sicherungsverwahrung ein Jahr, nach dem Vollzug von zehn Jahren der Unterbringung neun Monate.
(3) Das Gericht kann die Fristen kürzen. Es kann im Rahmen der gesetzlichen Prüfungsfristen auch Fristen festsetzen, vor deren Ablauf ein Antrag auf Prüfung unzulässig ist.
(4) Die Fristen laufen vom Beginn der Unterbringung an. Lehnt das Gericht die Aussetzung oder Erledigungserklärung ab, so beginnen die Fristen mit der Entscheidung von neuem.